Fatima Zahra Abi-Ayad
Meryem Abi-Ayad
H.A Lazouni

Etude antimicrobienne de l'huile essentielle du Thuya de Berbérie

Fatima Zahra Abi-Ayad
Meryem Abi-Ayad
H.A Lazouni

Etude antimicrobienne de l'huile essentielle du Thuya de Berbérie

Laboratoire produits naturels activités et synthèse

Presses Académiques Francophones

Impressum / Mentions légales

Bibliografische Information der Deutschen Nationalbibliothek: Die Deutsche Nationalbibliothek verzeichnet diese Publikation in der Deutschen Nationalbibliografie; detaillierte bibliografische Daten sind im Internet über http://dnb.d-nb.de abrufbar.
Alle in diesem Buch genannten Marken und Produktnamen unterliegen warenzeichen-, marken- oder patentrechtlichem Schutz bzw. sind Warenzeichen oder eingetragene Warenzeichen der jeweiligen Inhaber. Die Wiedergabe von Marken, Produktnamen, Gebrauchsnamen, Handelsnamen, Warenbezeichnungen u.s.w. in diesem Werk berechtigt auch ohne besondere Kennzeichnung nicht zu der Annahme, dass solche Namen im Sinne der Warenzeichen- und Markenschutzgesetzgebung als frei zu betrachten wären und daher von jedermann benutzt werden dürften.

Information bibliographique publiée par la Deutsche Nationalbibliothek: La Deutsche Nationalbibliothek inscrit cette publication à la Deutsche Nationalbibliografie; des données bibliographiques détaillées sont disponibles sur internet à l'adresse http://dnb.d-nb.de.
Toutes marques et noms de produits mentionnés dans ce livre demeurent sous la protection des marques, des marques déposées et des brevets, et sont des marques ou des marques déposées de leurs détenteurs respectifs. L'utilisation des marques, noms de produits, noms communs, noms commerciaux, descriptions de produits, etc, même sans qu'ils soient mentionnés de façon particulière dans ce livre ne signifie en aucune façon que ces noms peuvent être utilisés sans restriction à l'égard de la législation pour la protection des marques et des marques déposées et pourraient donc être utilisés par quiconque.

Coverbild / Photo de couverture: www.ingimage.com

Verlag / Editeur:
Presses Académiques Francophones
ist ein Imprint der / est une marque déposée de
AV Akademikerverlag GmbH & Co. KG
Heinrich-Böcking-Str. 6-8, 66121 Saarbrücken, Deutschland / Allemagne
Email: info@presses-academiques.com

Herstellung: siehe letzte Seite /
Impression: voir la dernière page
ISBN: 978-3-8381-7135-7

Analyse de l'huile essentielle du thuya de Berbérie (Tetraclinis articulata) de la région de Tlemcen et étude de son pouvoir antimicrobien

Fatima Zahra ABI-AYAD
Meryem ABI-AYAD

Encadreur :   Mr   LAZOUNI H.A   Maitre de conférences

A Mes Chers Parents,

A Omar, Meryem, Ibrahim & Ma petite Hatice

Liste des abbreviations

ATB :   Antibiotiques

B^+ :   Bactéries

BHIA: Brain- Heart Infusion Broth

CMI :   Concentration Minimale Inhibitrice

CPG: Chromatographie en phase gazeuse

CPG-SM: Chromatographie en phase gazeuse couplée à la spectrométrie de masse.

DMF: Diméthyl formamide

DMSO: Diméthylsulfoxyde

DO: Densité Optique

H: Heure

H.E :   Huile Essentielle

Ml: millilitre

µl :   Microlitre

PDA :   Potato Dextrose Agar

RM :   Rouge de méthyle

SM :   Spectromètre de masse

UFC :   Unités formant Colonie

V :   Volume

VP :   Voges-Proskauer

TLC: Thin Layer Chromatography

Ø :   Diamètre d'inhibition

Liste des figures

La liste des tableaux

7

Sommaire

Introduction :

Le développement et l'acquisition de la résistance bactérienne envers les antibiotiques est devenu un sujet d'inquiétude et une préoccupation des scientifiques. *(Yadegarnia et al 2006, Perry et al 2004, Patrick 2003)*. A cela il faut ajouter, le problème des moisissures et des mycotoxines envers les denrées alimentaires. En effet, en plus de leur effet nuisible sur la santé humaine, elles causent de lourdes pertes économiques.

Selon la FAO, 25% des récoltes mondiales sont affectées annuellement, et environ 4.5 billions des gens des Pays développés sont continuellement exposés à des amonts de toxines échappant aux contrôles. *(Williams et al 2004, Srivastava et al 2007)*.

Les agents antimicrobiens utilisés de nos jours pour faire face à ces problèmes, sont des dérivés de l'industrie chimique, et leurs larges distribution et emploi, posent un autre problème, à savoir les effets néfastes sur l'environnement, la santé humaine *(Bankole 1997, Tatsadjeu 2008)* et l'acquisition d'une résistance microbienne au cours du temps.

Dû à leurs effets secondaires et à la méfiance accrue suscitée par l'usage des produits chimiques *(Senhaji et al 2006),* la recherche actuelle s'oriente donc, vers l'exploitation des substances naturelles et parmi lesquelles figurent les *huiles essentielles*.

Celles-ci sont bien connues pour leurs propriétés antiseptiques, c'est –à – dire bactéricide, virucide, fongicide et pour leurs propriétés pharmacologiques: activité antimicrobienne, sédative, anti-inflammatoire, analgésique, spasmolytique et anesthésique locale. *(Masotti et al 2003, Angioni et al 2006)*.

Dans ce contexte, notre étude a porté sur l'huile essentielle de *Tetraclinis articulata*, choisie pour deux raisons : l'utilisation par la population locale de cette espèce comme remède et sa large abondance à Ghazaouet.

Notre objectif est d'analyser l'huile essentielle de *Tetraclinis articulata* et d'évaluer ses propriétés antibactériennes et antifongiques aux fins de contribuer à trouver des solutions aux problèmes courus.

Ainsi, ce travail est divisé en trois parties:

La première partie consiste en une synthèse bibliographique ; description botanique de la plante et une vue générale sur les huiles essentielles.

La deuxième partie consiste en une étude physico-chimique se rapportant à : la mise en évidence des métabolites secondaires de la plante, l'extraction de l'huile essentielle et détermination de son rendement, son étude physico-chimique et son analyse par chromatographie en phase gazeuse couplée à la spectrophotométrie de masse.

La troisième partie, étudie le pouvoir antimicrobien de l'huile essentielle vis-à-vis de *Staphylococcus aureus* ATCC25 923, *Pseudomonas aeruginosa* ATCC 27853, *Escherichia coli* ATCC25 922 et ATCC25 921, *Bacillus cereus*, *Aspergillus flavus*, *Aspergillus niger Fusarium spp et Penicillium spp.*

Synthèse Bibliographique :

Chapitre I : *Tetraclinis articulata* Le thuya de Berbérie, *Tétraclinis articulata* (Vahl) Masters, membre de la famille des Cupressacées est un endémique d'Afrique du Nord (Maroc, Algérie et Tunisie). *(Nabli, 1989 ; Bourkhiss et al., 2007b ; Tékaya-karaoui, 2007).*

Son aire de répartition se situe dans l'étage bioclimatique semi-aride tempéré et chaud. Cette espèce se développe aussi dans les domaines subhumide et aride supérieur, indifféremment de la nature du sol (calcaire ou siliceux).Cependant cette essence fuit les sols argileux mal drainés. *(Touayli, 2002 ; Abbas et al., 2006).*

I- Systématique de la plante

1-　　　　　Systématique

Embranchement : Spermaphytes

Sous Embranchement : Gymnospermes

Classe : Conifères

Ordre : Coniférales

Sous ordre : Taxales

Famille : Cupressacées

Genre : Tetraclinis

Espèce : Tetraclinis articulata Vahl *(Lamnuar et Batanouny, 2005)*

2-Autres noms

Arabe : عرعر – سنضروش – عرعر بربوش – شجرة الحياة

Berber : Azouka, Imijad, Tazout,

Anglais : arar tree, sandarch tree, thyia, sandarc tree, sandarc gum tree, juniper gum tree, alerce, thuja, ghardar, thuya from berberie.

Frrançais : thuya de Berbérie, thuya, callitris, thuia articulé, thuia à la sandarque, vernix. *(Lamnuar et Batanouny, 2005)*

II- Description

" Le thuya du Maghreb est un résineux à feuillage léger et persistant, dans sa jeunesse son port est pyramidal. Les feuilles sont réduites en écailles opposées et imbriquées par deux. Les fleurs en chatons situées à l'extrémité des rameaux. Le fruit est un cône d'allure cubique s'ouvrant par quatre valves sous l'effet de la chaleur libérant ainsi six graines ailés". *(Wickens, 2004 ; Cunnigham, 2005, Lamnaour et Batanouny, 2005).*

Les tétrakènes fructifères ont 5 à 6 mm de diamètre, rouge brun à maturité. Son écorce est mince, lisse, sombre et riche en tanin. *(Wickens ,2004 ; Cunnigham ,2005 ; Lamnaour and Batanouny 2005 ; Ayache, 2007).* (Fig1)

Fig1. Tetraclinis articulata

Tetraclinis articulata est un arbre dont la taille ne dépasse pas généralement 12 à 15 m de haut, 6 à 8 m de hauteur en moyenne, et 0.3 m de diamètre.

L'arbre fleurit en automne (Octobre) et fructifie l'été suivant (Juin- Juillet), ses cônes murissent en un an. Cette fructification démarre vers l'âge de 15ans et se répète jusqu'à un âge très avancé *(Boudy, 1952).* L'ouverture des cônes n'a lieu qu'à la fin de l'été.

13

Sa production de graines est bonne, voire très bonne *(Hadjaj, 1995),* celles-ci gardent leur pouvoir germinatif environ 3 mois *(Boudy, 1950)* tandis qu'*Emberger (1938)* et *Greco (1966)* avaient signalé qu'il était de 6 à 8 mois, mais *Hadjaj (1995)* souligne que si les elles sont très bien stockées, elles peuvent garder leur pouvoir jusqu'à une vingtaine de mois. Quant à la dissémination des graines, elle est assez limitée.

La longévité du Thuya du Maghreb peut dépasser les 400 ans, et il possède une odeur très caractéristique à lui, il ne possède pas des canaux résinifères dans le bois comme le pin, mais il en existe dans l'écorce *(Boudy ,1950).*

III- Origine et répartition géographique

1- Origine

Le thuya est un arbre isolé dans l'hémisphère septentrional, alors qu'il a une trentaine de parents dans l'hémisphère austral. Il est le dernier survivant de formes qui s'étendaient jusqu'au Groeland à l'époque du Jurassique et qui peuplaient encore l'Europe occidentale au Tertiaire. *(Maire, 1952)*

2- Répartition géographique

Tetraclinis articulata est une essence endémique de la Méditérannée dont la majeur partie des stations est en Méditerranée occidentale *(Rikili, 1943 ; Benabib, 1976 ; Quezel, 1981).* Cette espèce se cantonnant essentiellement dans la partie méridional du bassin méditerranéen [Maroc : 565 798 ha, Algérie :161 000 ha, Tunisie : 30 000 ha](Fig.02) *(Benabib,1976)* (Afrique du Nord), à l'exception de deux îlots, l'un au sud-est de l'Espagne (Almeria) *(Del Villar, 1947),* et l'autre à l'île de Malte.

En Maroc

Les plus vastes peuplements de thuya sont observés au Maroc. D'après (*Benabib, 1976 ; Fenane, 1987)* l'aire de répartition du thuya est subdivisée en six grandes zones : zone Rifaine, zone du Maroc oriental, zone du moyen Atlas oriental, zone des vallées du plateau central et la Mesta occidental, zone du moyen Atlas occidental et haut Atlas, et zone de l'anti Atlas. L'aire actuelle de sa répartition au Maroc, est d'environ 607 900 ha *(Dref, 2002),* on note que cette espèce a connu un recul extraordinaire et une élimination dramatique depuis les années 1950.

En Tunisie

Ici il ne couvre que 30 000 ha *(Boudy, 1950)* depuis les collines du nord-est jusqu'à une ligne allant de Bizerte au Mont de Zaghouane et à Hammamet *(Maire ,1952).*

En Algérie

Il apparaît ici dans le prolongement de son aire marocaine. En fait, il est surtout dans l'Algérie nord occidentale *(Ayache, 2006).* Quezel et al (1962-1963) ont mentionné que le thuya était très commun dans le secteur oranais, assez commun dans le secteur algérois et le sous-secteur des hauts plateaux et très rare dans la grande Kabylie.A l'est de l'Algérie se rencontre les plus beaux peuplements de chêne liège *(Zeraia, 1981 ; Khelifi, 1987)* alors qu'à l'ouest, le thuya semble constituer la trame de fond de la végétation *(Hadjaj ,1995).*

Le ministère de l'agriculture *(1978)* a estimait que l'espèce occupait un aire de 143 000 ha, une 4e position après le pin d'Alep, le chêne vert et le chêne liège. *(Ayache, 2006)*

A Tlemcen, le thuya réapparait entre la mer et le grand massif de chêne vert de Sebdou où il ne forme plus que des boisements isolés et presque toujours très dégradés *(Miloudi, 1996)*

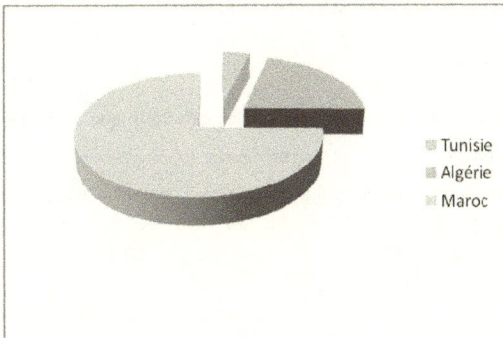

Fig 02. Aire de répartition de Tetraclinis articulata.

Maroc : 565 798 ha, Algérie : 161 000 ha, Tunisie : 30 000 ha

15

IV- Ecologie du Thuya du Maghreb

La rusticité, les faibles exigences en eaux, la difficile élimination par l'incendie, permettent au thuya de se maintenir dans les stations les plus variées et les plus sèches *(Ayache, 2006).*

1- L'altitude

Il ne se trouve jamais aux hautes altitudes, c'est une espèce de plateaux, de basses et de moyennes montagnes. Son altitude maximale en Algérie est de 1400 m (Djebel Regouirat). *(Ayache, 2006)*

2- Les conditions édaphiques

Boudy (1952) précise que le thuya se localise sur les sols secs et les plus pauvres, mais semble cependant manifester une préférence pour les sols calcaires et les sols fersialitiques, redoute les sables mobiles et pousse bien sur les dunes fixes.

3- Les conditions climatiques

La forêt de Thuya est le groupement le plus caractéristique de l'étage semi aride de la Méditerranée occidentale *(Emberger, 1930)* et d'après *Benabib (1976)* c'est une essence thermo-xérophile liée aux bioclimats semi-aride chaud, tempéré ou frais et subhumide tempéré ou frais.

V- Utilisation du Thuya du Maghreb

Le thuya fut surnommé au XVII e siècle "arbre de vie" en raison de la valeur médicinale attribuée à sa résine balsamique. L'extrait de cette résine augmente la tension artérielle et baisse la fièvre. Le feuillage a un parfum balsamique (Encarta ,2006).

Boudy (1950) avait indiqué qu'au Maroc, les gens (sud-ouest du pays) ont pratiqué le gemmage du thuya pour en tirer la sandaraque (un produit obtenu par incision dans le tronc et les branches, se solidifie rapidement au contact de l'air. Le sandarc est utilisé dans la laque, le vernis et de petites quantités en parfumerie (Eaglson et Cunnigham, 2005 ;Heath ,1981 ; Zoebelin et al., 2001 ; Bhanar et Moitra ,1996 ; Burdock et Feranoli, 2004). L'huile essentielle sandarc obtenue par distillation de la résine de Tetraclinis articulata est employée comme flavouring ingredient (Burdock ,1996)

Les populations locales marocaines utilisent cette essence forestière en médecine traditionnelle (Bourkhiss , 2007 ; Lamnaour et Batanouny, 2005). Les différentes parties de l'arbre, particulièrement les feuilles et les rameaux sont utilisées dans le traitement des infections intestinales et respiratoires (Belkhedar,1991). Dans une étude ethnopharmacologique réalisée au Maroc oriental, Ziyyat et al (1997) ont rapporté que les feuilles du Thuya de Berbérie sont utilisées contre le diabète et l'hypertension.

Buhaghiar et al ont rapporté que des extraits de l'H.E de Tetraclinis articulata inhibaient le cancer dans les mélanomes humains, et les cellules ovariennes (Harrewing et al.,(1990)

Le thuya fournit un excellent bois d'ébénisterie, mais actuellement (en Algérie) il n'est pas exploité pour son bois bien qu'il fut une source de revenue à une époque.

17

Chapitre II : Les Huiles Essentielles

I- Définition

La *Pharmacopée française (1965),* définit les huiles essentielles (=essences= huiles volatiles) comme étant : " des produits de composition généralement assez complexe renfermant les principes volatils contenus dans les végétaux et plus ou moins modifiés au cours de la préparation. Pour extraire ces principes volatils, il existe divers procédés." *(Bruneton, 2005)*

Depuis la 9e édition (1972), la Pharmacopée n'utilise plus que le terme *huile essentielle.*

Belaiche (1979) les définit comme " des produits huileux volatils et odorants qu'on retire des végétaux, soit par distillation à la vapeur, soit par expression, soit par inclusion du végétal, ou bien parfois par séparation à l'aide de la chaleur, ou par solvants, soit encore par enfleurage. *(Oukili et Megherfi, 1992).*

La norme *AFNOR NF T 75-006 (Février 1998)* a donné la définition suivante d'une huile essentielle : [Produit obtenu à partir d'une matière première végétale, soit par entrainement à la vapeur, soit par des procédés mécaniques à partir de l'épicarpe de Citrus, soit par distillation sèche. (...) elle peut subir des traitements physiques n'entrainant pas de changement significatif de sa composition [par ex, redistillation, aération, ...] *(Bruneton, 2005).*

II- Répartition

Les huiles essentielles n'existent quasiment que chez les végétaux supérieurs : il y aurait, selon Lawrence, 17500 espèces aromatiques. *(Bruneton, 2005).*Les genres capables d'élaborer des huiles essentielles, ex : Myrtaceae, Lauraceae, Rutaceae, Lamiaceae, Asteraceae, Apiaceae, Cupressaceae, Poaceae, Zingiberaceae, Piperaceae,...

Elles peuvent être stockées dans tous les organes végétaux : fleurs, feuilles, écorces, bois, racines, rhizomes, fruits, graines. *(Bruneton, 2005 ;Braiche, 1979).*

Quantitativement, les teneurs en huile essentielle sont plutôt faibles, assez souvent inférieures à 10ml/kg. *(Bruneton, 2005).*

III- Localisation

Les HE sont élaborées au sein du cytoplasme de certaines cellules, elles s'en séparent par symétrie sous forme de petites gouttelettes qui confluent ensuite en plages plus ou moins étendues *(Deyson, 1967)*.

Les cellules sécrétrices sont soit superficielles, appartenant à l'épiderme (par ex, glandes sécrétrices de l'épicarpe de fruit de clémentine) soit sous cutanées, comprises dans des assises définies (par ex, bandelettes sécrétrices situées dans le mésocarpe de fruits de céleri, canaux sécréteurs localisés dans les graines de Carvi. *(Bagchi et Strivastava, 2003; Svolboda 2003)*

IV- Fonction

Leur fonction biologique demeure le plus souvent obscure. Il est toutefois vraisemblable qu'elles ont un rôle écologique. [Interactions végétales (agents allélopathiques, notamment inhibiteurs de germination), interactions végétal-animal (protection contre les prédateurs (insectes, champignons) et attraction des pollinisateurs.] *(Bruneton, 2005)*.

Elles ont pour fonction aussi de conserver l'humidité nécessaire à la vie des plantes exposées à des climats désertiques, par leurs vapeurs aromatiques qui saturent l'air autour de la plante. *(Belaiche ,1979)*.

V- Propriétés physiques

Elles sont liquides (à Température ambiante), elles sont volatiles, limpides et très rarement colorées. Elles sont liposolubles et solubles dans les solvants organiques usuels. Leur densité est en général inférieure à celle de l'eau. *(Bakkali et al., 2007 ; Bruneton 2005)*.

Elles sont très altérables, sensibles à l'oxydation, et de conservation limitée. *(Legrand ,1978)*

Elles ont un indice de réfraction élevée, et la plupart dévient la lumière polarisée. Entrainables à la vapeur d'eau et sont très peu solubles dans l'eau, *(Lemberg, 1982 ; Bruneton, 2005)* mais peuvent communiquer à celle-ci une odeur nette. L'eau est alors appelée "eau distillée florale".

VI-   Composition chimique

Les composants des HE sont génériquement dits "aromatiques" en raison de leur caractère odoriférant et non pour indiquer leur structure chimique, ce qui peut prêter à confusion.

(Pibiri, 2006)

On peut classer les HE d'après le nombre de leurs constituants en trois grands groupes :

1-La plupart des HE sont **poly-moléculaires**, c'est-à-dire composées d'une grande diversité de composés (de 20 à 60); on y trouve dedans des composés majoritaires *(Pibiri, 2006)* [représentant 20 à 70% du total, par exemple le carvacrol 30% et thymol 27% de l'HE d'*Origanum compactum*, le linalol 68% de l'HE du *Coriandrum sativum*, l'α et la β-thuyone 57% et le camphre 24% de l'HE d'*artemesia herba-alba* *(Bakkali et al., 2007)*. Généralement ces composés majoritaires déterminent les propriétés des HE *(Bakkali et al., 2007 ; Burt ,2004)*], on retrouve aussi des composés minoritaires et un certain nombre de constituants sous forme de traces.

1-   On trouve les **di** et **tri moléculaires**, telle la Sauge sclarée, le Citron et le Clou de girofle, *(Pibiri ,2006)*

2-   Il existe quelques HE dites **mono moléculaires**, qui sont constituées presque exclusivement d'une molécule majoritaire, telle le bois de rose, la menthe Pouliot. *(Pibiri ,2006)*

Les Huiles essentielles sont des mélanges complexes et éminemment variables de constituants qui appartiennent à deux groupes caractérisés par des origines biogéniques distinctes : le groupe des terpénoides, et le groupe des composés aromatiques.

(Bruneton ,2005).

On a préféré adopter la classification de Bakkali et all *(Croteau et al., 2000 ; Bets, 2001 ; Bowles, 2003 ;Pickersky et al., 2006)* qui classent le groupe des terpénoides à part :

1-   Terpènes

2-   Composés aromatiques

3-   Terpénoides

1- Terpènes

Formés par la combinaison de différentes bases de 5 atomes de carbones, nommés isoprènes. La Biosynthèse des terpènes consiste en la synthèse du précurseur Isopentenyl diphosphate IPP, l'addition répétitive d'IPP forme le prenyl diphosphate, précurseur des différentes classes de terpènes. *(Bakkali et al., 2007)*.

Les principaux terpènes sont les Monoterpènes (C10) et les Sesquiterpènes (C15), mais les Hémiterpènes (C5), les Diterpènes (C30), et les Tétraterpènes (C40) peuvent aussi exister. *(Bakkali et al, 2007)*. (Fig. 3)

1-1 Les Monoterpènes

Les Monoterpènes sont issus du couplage de deux unités isopréniques (C10) *(Bruneton, 2005 ; Husnu Can Baçer et Demirci, 2006 ; Bakkali et al.,2007)*. Ils peuvent être monocycliques, bicycliques, tricycliques ou des monoterpènes irréguliers. (Husnu Can Baçer et Demirci, 2006). C'est la classe la plus représentative des HE (90%) et contient une large variété de structures représentant différentes fonctions :

-Carbures : myrcène, ocimène, terpinène, p-cimène, phellandrènes, pinène, 3-carène, camphène, sabinène.

- Alcools: géraniol, linalol, citronéllol, lavandulol, nerol, menthol, a-terpinéol, carvéol, bornéol, fenchol, chrysanthénol, thuyan-3-ol, etc.

- Aldéhydes: géranial, néral, citronellal

- Cétones: tégétone, menthones, carvone, thuyone ...

- Esters : propionate, menthyl, isobornyl acétate

- Ethers : 1-8 cinéole, menthofurane

- Peroxydes : ascaridole

- Phénols : thymol, carvacrol   *(Husnu Can Baçer et Demirci,2006 ; Bakkali et al., 2007 ;)*

21

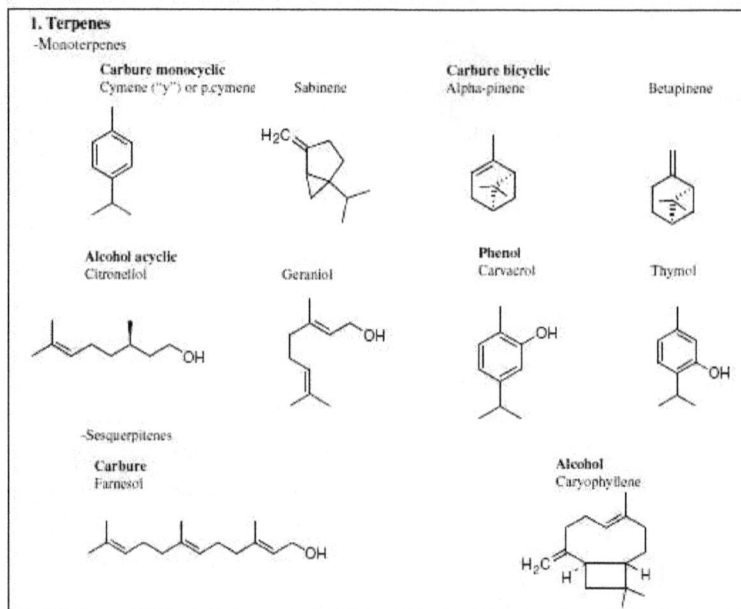

I. Terpenes
-Monoterpenes

Carbure monocyclic
Cymene ("y") or p.cymene   Sabinene

Carbure bicyclic
Alpha-pinene   Betapinene

Alcohol acyclic
Citronellol   Geraniol

Phenol
Carvacrol   Thymol

-Sesquerpitenes

Carbure
Farnesol

Alcohol
Caryophyllene

Fig 3 : Structure de quelques composés de Terpènes *(Bakkali et al.,2007).*

1-2 Les Sesquiterpènes

Les sesquiterpènes sont formés par l'assemblage de 3 unités d'isoprènes C_{15} *(Bruneton 2005 ; Husnu Can Baçer et Demirci, 2006 ; Bakkali et al., 2007),* et ont pour formule moléculaire $C_{15}H_{24}$ Ce sont des composés insaturés. Il en existe des sesquiterpènes linéaires, ramifiés et cycliques. Les cycliques peuvent être mono, bi ou tricycliques. *(Husnu Can Baçer et Demirci, 2006).*

22

Il en existe différentes fonctions : *(Bakkali et al., 2007)*

- Carbures: azuléne, β-bisaboléne, cadinénes, β-caryophylléne, logifoléne, curcumenes, farnesénes, zingiberéne...

- Alcools: bisabol, cédrol, b-nerolidol, farnésol, carotol, β-santalol ...

- Cétones: germacrone, nootkatone, cis-longipinan-2, 7-Dione,β-vetinone, turmerones,

- Époxydes : caryophylléne oxyde, huméne époxydes,

Les exemples de plantes contenant des terpènes sont Angélica, la bergamote, le cumin, le céleri, la coriandre, l'eucalyptus, le géranium, le genévrier, lavandin, lavande, le citron, lemon-grass, la mandarine, la menthe, l'orange, la menthe poivrée, petit grain, le pin, Rosemary (romarin), le thym.

2- Les composés aromatiques

Dérivés du phénylpropane C6-C3, les composés aromatiques sont beaucoup moins fréquents que les terpènes. *(Bakkali et al., 2007 ; Bruneton, 2005)*. **(Fig. 3)**

Les composés aromatiques contiennent les : *(Bakkali et al .,2007)*

- Aldéhydes : cinnamaldehyde
- Alcools : cinnamique alcool
- Phénols : chavicol, eugénol
- Méthoxy dérivés : anethole, elemicine, estragole, methyleugenols
- Composés méthylène dioxy : apiole, myristicine, safrole

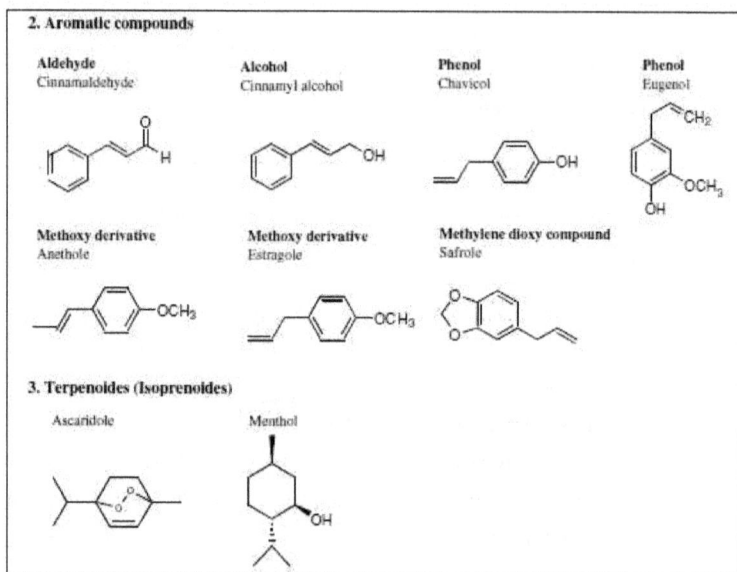

Fig 4 : Structure de quelques exemples de Composés Aromatiques et de Terpénoides.
(Bakkali et al ., 2007).

Les principales sources de plantes contenant les composés aromatiques : *(Bakkali et al., 2007)* l'anis, la cannelle, le clou de girofle, le fenouil, la muscade, le persil, sassafras, l'anis d'étoile, l'estragon et quelques familles botaniques (Apiaceae, Lamiaceae, Myrtaceae, Rutaceae).

-**Bruneton** propose un 3ᵉ groupe,

Le groupe des Composés d'origines diverses : des produits résultant de la transformation de molécules non volatiles. Elles sont entrainables par la vapeur d'eau. Ce sont des Composés issus de la dégradation d'acides gras et des Composés issus de la dégradation des terpènes.

-Une classification tout à fait différente fut proposée par Husnu Can Baçer et Demirci *(2006)*. Ils les classent en :

Hydrocarbures non terpénoides, Terpénoides, C13 Norterpénoides, Phenylpropanoides, Esters, Lactones, Phtalides, Nitrogène containing Essential oil constituents, Sulphur containing Essential oil constituents, Isothiocyanates.

VII- Méthodes d'extraction des huiles essentielles

Plusieurs procédés sont appliqués pour l'obtention des H.E. Cependant, la distillation est sans doute le procédé le plus utilisé pour l'extraction des H.E à partir des plantes aromatiques ou médicinales. *(Peyron, 1992)*

Et d'une façon générale, la production de l'HE peut être assimilée à une combinaison de trois processus :

- l'extraction proprement dite, appelée Hydrodiffusion,
- la Co-distillation eau / composés odorants,
- la séparation de l'HE des condensats impliquant la coalescence et la décantation.
(Lagunez   Rivera ,2006)

1- Extraction par entrainement à la vapeur d'eau

Dans ce système d'extraction, le matériel végétal est soumis à l'action d'un courant de vapeur sans macération préalable. Les vapeurs saturées en composés volatils sont condensées puis décantées. L'injection de vapeur se fait à la base de l'alambic.

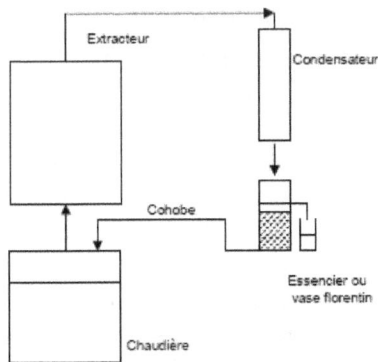

Fig 5 : Principe schématisé de l'appareillage d'extraction par entraînement à la vapeur de l'eau *(Richard et Peyron,1992)*.

1-1) Distillation à la vapeur d'eau = vapohydrodistillation

Les plantes sont traversées par de la vapeur d'eau. Cette vapeur en montant, fait éclater les cellules contenant l'essence et entraine avec elles les molécules odorantes, elle est ensuite condensée dans un serpentin, refroidi par réfrigérant de courant froid. Ce dernier provoque le détachement des particules huileuses des particules de vapeur, qui se condensent en eau, *(Benjilali, 2004)*

Un séparateur ou essencier recueillera alors eau et huile et permet de retirer cette dernière par différence de densité *(Belaiche et Badjah , 1991 ; Viaud, 1993; Padrini et Lucheroni ,1996)*

Cette technique est conseillée pour les essences riches en esters *(Garnero, 1991),* mais le chauffage direct (alambic à feu nu) peut endommager le matériel végétal en contact de sa paroi, et donc diminuer la qualité de l'HE, *(Viaud, 1993 ; Benjilali ,2004),* il faut éviter de même une distillation à haute température pour éviter la résinification. *(Bruneton ,1993 ; Viaud, 1993).*

1-2) Distillation à la vapeur direct = vapodistillation

Elle ressemble à celle décrite auparavant, sauf que cette fois il n y a pas d'eau au fond de l'alambic. La vapeur saturée ou surchauffée (provenant d'une chaudière indépendante) à pression généralement supérieure à la pression atmosphérique, est introduite au fond de l'alambic (par un système de conduite) et traverse la masse végétale de bas en haut. *(Benjilali, 2004).*

2-   Extraction par hydrodistillation

2-1) Hydrodistillation simple

L'hydrodistillation consiste à immerger la matière première dans un bain d'eau *(Belaiche 1979).* L'ensemble est porté à ébullition. Elle est généralement conduite à pression atmosphérique. La distillation peut s'effectuer avec ou sans cohobage des eaux aromatiques obtenues lors de la décantation. *(Bruneton, 1995; Benjilali 2004 ; Lagunez Rivera, 2006)*

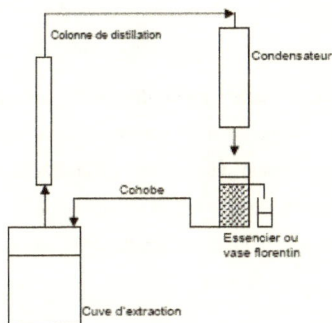

Fig. 06 : Principe schématisé de l'appareillage d'hydrodistillation *(Lagunez Rivera ,2006)*

Au cours de l'hydrodistillation, l'eau, l'acidité et la température peuvent induire l'hydrolyse des esters mais aussi des réarrangements, des isomérisations, des racémisations, des oxydations *(Bruneton,1993)*. D'après Benjilali *(2004)*, il faut veiller à réduire la durée de distillation pour minimiser les phénomènes de réaction avec l'eau et de décomposition.

2-2) Hydrodistillation sous pression

C'est une technique de choix pour les essences difficilement distillables *(Bochio ,1985)*. On traite ainsi certaines matières premières dont les constituants ne peuvent être entrainés par la vapeur à la pression atmosphérique du fait de leur masse moléculaire élevée, par exemple le santal, le girofle, le rhizome de vétiver, de gingembre ou encore d'iris. *(Garnero ,1985 ; Tournaire 1980)*. Bien que ce procédé conduise à des économies d'énergies. *(Bochio ,1985 ; Garnero ,1985)*, l'influence de la Température élevée donne lieu à certains artéfacts. De plus, les contraintes des équipements contribuent à freiner l'utilisation de ce procédé. *(Tournaire, 1980)*.

2-3) Système de thermopompage

Le séparateur Tournaire consiste à pomper la chaleur du condenseur et à l'utiliser pour la production de vapeur de telle sorte que l'on se retrouve en présence d'un cohobage en phase

gazeuse. Les économies d'énergie calorifique et d'eau de refroidissement se situeraient entre 60 et 90% *(Tournaire 1980,)*.

27

2-4) Turbodistillation :

C'est une hydrodistillation accélérée en discontinu. Son objectif est de limiter les inconvénients d'une longue durée d'extraction ou d'une surpression. L'alambic est équipé d'une turbine qui permet d'une part, la dilacération des matières végétales, d'autre part, une agitation turbulente, d'où un meilleur coefficient de transfert thermique et une augmentation de la surface de vaporisation. *(Ganou, 1993 ; Lagunez Rivera 2006)*

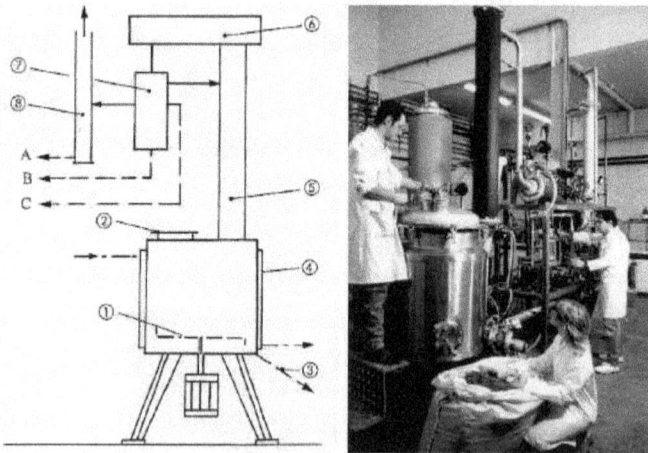

Fig 07 :Principe schématisé de l'appareillage de Turbo distillation (DCFAROMAPROCESS).

1) broyeur humide à turbine ; 2) ouverture de chargement ; 3) vidange du broyat ;
4) chauffage/double enveloppe ; 5) colonne de distillation ; 6) condensation et reflux ;
7) système de décantation ; 8) piégeage des têtes. Recette : A. Eaux aromatique ou
terpènes ;
B. Huiles lourdes ; C. Huiles légères. *(Martini et Seiller, 1999).*

28

2-5) Hydrodistillation assistée par micro-ondes

Il existe divers exemples d'application de cette technique à l'extraction de certains organes végétaux *(Wang et al., 2006 ; Stashenko et al., 2004 ; Colin ,1991 ; Pare et al., 1989)* mais aussi d'extraction à partir de tissus animaux, de sédiments, de substrats issus du génie biotechnologique, ... *(Pavé et al., 1993)*

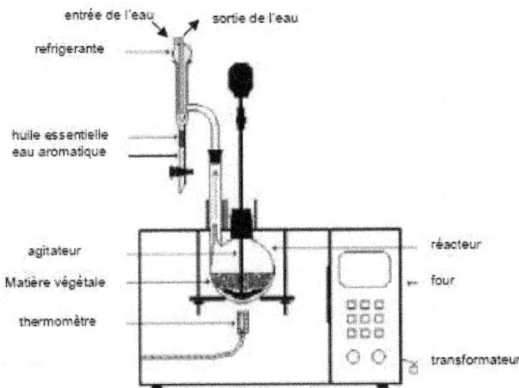

Fig.07 : Principe schématisé de l'appareillage de système de l'hydrodistillation sous micro ondes (Wang et col, 2006).

Dans ce procédé la plante est chauffée sélectivement par un rayonnement micro-ondes [le principe en est l'adsorption de l'énergie micro-ondes par les composants chimiques irradiés, *(Pavé et all 1991)*] dans une enceinte où la pression est réduite de façon séquentielle. L'HE est entrainé dans le mélange formé avec la vapeur d'eau propre à la plante traitée. *(Benjilali, 2004 ; Bruneton, 2005)*

Les avantages de ce procédé : Une économie de temps *(Zlotorzunski, 1995 ; Benjilali 2004 ; Bruneton ,2005 ; Wang ,2006),* une incrémentation du rendement (Wang, 2006), une économie d'énergie, une réduction de la dégradation thermique pour les composés sensibles, et une extraction aisée *(Zloto ,1995 ; Benjilali, 2004)*

29

2-6) Hydrodistillation assistée par ultrasons :

La micro-cavitation générée par les ultra-sons, désorganisent la structure des parois végétales, notamment les zones cristallines cellulosiques. Les ultra-sons favorisent la diffusion et dans certains cas augmentent les rendements en HE *(Lagunez Rivera, 2006)*.

Les ultrasons ne sont pas une bonne option pour les procédés par ébullition (Hydrodistilation) *(Vinatoru ,2001)* mais c'est une technique de choix pour les solvants de faible point d'ébullition *(Chemat et al., 2004)*. L'avantage essentiel de ce procédé est de réduire considérablement la durée d'extraction, d'augmenter le rendement en extrait et de permettre ou faciliter l'extraction de molécules thermosensibles

3-   Expression à froid

Elle est réservée à l'extraction des composés volatils dans les péricarpes des hespéridés (citron, orange). Il s'agit d'un traitement mécanique qui consiste à déchirer les péricarpes riches en cellules sécrétrices. L'essence libérée est recueilli par un courant d'eau et reçoit tout le produit habituel de l'entrainement à la vapeur d'eau, d'où la dénomination d'HE. *(AFNOR,2006)*

On procède manuellement, ou à l'aide de machines *(Garnero, 1991),* on prend des écorces fraiches riches en essence (sans leur pulpe), les mouiller abondamment, laisser reposer environ 10heures. *(Belaiche, 1976).* On enferme les parties odorantes dans un sac en lin que l'on torde à l'aide de deux bâtons enfilés dans deux anneaux placés à l'extrémité du sac. L'essence filtre à travers la toile et est recueillie dans un récipient placé en dessous. *(Padrini et Lucheroni ,1996).* L'expression se fait au moyen de presses hydrauliques, mais des procédés plus primitifs comme à l'éponge ou à l'écuelle, donnent un produit de qualité bien supérieur. *(Viaud ,1993).*

4-   Extraction par enfleurage ou par la graisse froide

Une technique très ancienne datant de l'Antiquité égyptienne et perse *(Padrini et Lucheroni, 1996).* Elle consistait, dés la récolte de fleurs fraiches, de les intercaler entre des couches de graisses animales qui retiennent le parfum. La "pommade" parfumé est lavée et épuisée par un solvant (l'alcool), qui est ensuite refroidi, et concentré sous vide, pour donner l' "absolu de l'enfleurage". *(Viaud ,1993 ; Benjilali ,2004).*

Cette méthode délicate est coûteuse (Belaiche) .De ce fait, elle n'est que rarement utilisée, sauf pour certaines fleurs extrêmement fragiles, tel le jasmin, la tubéreuse, les fleurs d'oranger. *(Padrini et Lucheroni ,1996).*

5-Extraction par solvants organiques

L'extraction par solvants organiques volatils reste la méthode la plus pratiquée. Les solvants les plus utilisés sont l'hexane, le cyclohexane, l'éthanol, moins fréquemment le dichlorométhane et l'acétone. *(Kim et Lee, 2002 ; Dapkevicius et al., 1998 ; Legrand, 1993)*

Son principe est simple, le matériel végétal est introduit dans un extracteur spécial contenant un solvant hautement purifié ; le solvant en circulant, en extrait les constituants d'arômes ainsi que des substances liposolubles. Le solvant est éliminé par évaporation et l'on obtient une concrète ou résinoide dont les caractéristiques physico-chimiques dépendent surtout du solvant utilisé. *(Benjilali, 2004 ; Bruneton, 1993).*

L'emploi restrictif de l'extraction par solvants organiques volatils se justifie par son coût, les problèmes de sécurité et de toxicité, ainsi que la réglementation liée à la protection de l'environnement. *(Lagunez Rivera, 2006)*

6-Extraction par fluide à l'état supercritique

L'extraction par gaz liquéfié ou par fluide à l'état supercritique met en œuvre généralement le dioxyde de carbone. *(Khajeh et al., 2005 ; Braga et al., 2005 ; Caravalno et al., 2005 ; Moura et al, 2005 ; Khajeh et al, 2004 ; Aghel et al, 2004 ; Baysal et Starmani ,1999).* L'extraction par le CO_2 supercritique est une technique qui permet d'obtenir à partir du matériel végétal des extraits volatils, dépourvus de toute trace de solvant. *(Reverchon 1997).* Les études publiées par Pelvin *(1991),* Ondarza et Sanchez *(1990)* mettent le CO_2 supercritique au sommet des solvants utilisables actuellement pour l'extraction des arômes.

Remarque : Au sens de la Pharmacopée, l'extrait par fluide à l'état supercritique, est non une HE. Aussi, les termes "oléorésine", ou mieux encore, "extrait au solvant critique" sont à préférer.

Le CO_2 est un gaz inerte, inflammable, strictement atoxique, facile à éliminer, disponible et sélectif. *(Bruneton, 2005 ; Reverchon et al., 1994 ; Reverchon ,1995)* mais l'inconvénient est que cette technique exige un équipement relativement cher et techniquement élaboré, et donnant un rendement plus faible. *(Benjilali ,2004)*

D'autres travaux de recherches de *Deng et al(2005), Gamiz-Garcia, et Luque de Castro (2000) et Luque de Castro et Jiminez (1998)* montrent une autre variante qui est, l'utilisation de l'eau dans son état supercritique.

VIII- Facteurs de variabilité des huiles essentielles
Existence de chimiotypes

Les chimiotypes ou races chimiques sont très fréquents chez les plantes à huiles essentielles. Un des exemples les plus démonstratifs est le thym (on lui compte sept chimiotype différent), on peut voir ce phénomène chez d'autres espèces du genre Thymus et chez certaines Lamiacées.

Influence du cycle végétatif

Pour chaque espèce, la proportion des différents constituants de son huile essentielle peut varier tout au long de son développement.

Exemple, chez l'huile essentielle de coriandre, la teneur en linalol est 50% plus élevée chez le fruit mûr que chez le fruit vert.

La norme **NF T 75-002** précise que l'étiquetage doit comporter (entre autres) : " la désignation commerciale de l'huile essentielle, le nom (latin) de la plante et la partie de la plante dont elle est extraite, la technique de production ou le traitement spécifique qu'elle a subi : distillation ou pression".

La norme **NF T 75-004**, ISO 3218 fixe pour sa part les règles de dénomination à respecter dans les différents cas qui peuvent se présenter (chimiotypes, clones, hybrides interspécifiques, origine géographique variée, lieu de production, ...). La nomenclature botanique est elle-même normalisée.

Influence des facteurs extrinsèques,

Il s'agit là de l'incidence des facteurs de l'environnement et des pratiques culturales.

La température, l'humidité relative, la durée totale d'ensoleillement et le régime des vents exercent une influence directe. *(Bruneton 2005)*

Influence du procédé d'obtention,

La labilité des constituants des H.E explique que la composition du produit obtenu par hydrodistillation, soit le plus souvent différente du mélange initialement présent dans les organes sécréteurs du végétal. *(Bruneton 2005)*

Ainsi, pour assurer la qualité du produit et sa constance, il y a une importance à étudier, définir et contrôler l'ensemble des paramètres, de la culture à l'élaboration du produit final.

IX-   Toxicité des huiles essentielles

Les huiles essentielles sont irritantes et peuvent provoquer des vomissements, des douleurs abdominales et diarrhées. Elles peuvent aussi être à l'origine d'une hépatotoxicité et d'une neurotoxicité avec somnolence, coma et convulsions. L'inhalation peut provoquer un œdème lésionnel. Toute ingestion d'huile essentielle doit être considérée comme potentiellement grave car même de petites quantités peuvent avoir des conséquences néfastes. *(Dargan, 2000)*

Toxicité aigue : En règle générale, les huiles essentielles ont une toxicité aigue par voie orale faible ou très faible : la majorité de celles qui sont couramment utilisées ont une DL50 comprise entre 2 et 5 g/ Kg (anis, eucalyptus, girofle, ...) ou, ce qui est le plus fréquent, supérieure à 5g/Kg (camomille, citronnelle, lavande, marjolaine, vétiver, ...)

Les plus toxiques sont les huiles essentielles de *boldo (0.13 g/Kg)*, de chénopode *(0.25g/Kg)*, de thuya *(0.83g/Kg)*, de pennyroyal *(0.4g/Kg)*, ainsi que l'essence de moutarde *(0.34g/Kg)*.

Toxicité chronique : Leur toxicité chronique est assez mal connue, au moins en ce qui concerne leur utilisation dans le cadre de pratiques comme l'aromathérapie et ce quelle que soit la voie d'administration *(Bruneton, 2003)*.

X-   Méthodes d'analyse des huiles essentielles

La connaissance de la composition chimique des constituants des H.E est un critère de qualité très recherché par les utilisateurs *(Benmansour, 1999)*

Divers techniques et critères sont utilisés pour l'estimation de la qualité des H.E *(Tabet Aoul ,2004)*

L'évaluation sensorielle se fait par les organes des sens et plus spécialement par le nez, c'est considéré comme crucial pour accepter une H.E dans les maisons de parfumerie. Toutefois l'estimation doit être vérifiée par des preuves expérimentales *(Bauer ,2001 ; Baser ,1995 ; Teisser, 1994 ; Werkhoff, 1993 ; Woidich ,1992 ; Ravid ,2006 ; Konig, 2004).*

L'analyse chimique des H.E est généralement performée par la CG (analyse quantitative) et la CG/SM (analyse qualitative) *(Keravis, 1997)*. L'identification des composés se fait en comparant la rétention CG et le data SM avec des références standard (de source connue). *(Lahlou et al., 2000 ; Lahlou et al .,2001 ; Lahlou et Berrada, 2003 ; Lahlou, 2004).* IL en existe diverse libraries CG/SM commerciales, tel Wiley National Bureau of Standards *(Mc Lafferty and Staufer 1989)*, le National Institute of Standards and Technology librairies *(NIST/EPA/NIH CG-MS library in Husnu can Baser)*. Des Librairies tel Adams *(Adams, 2002)* et Mass Finder *(Joulain ,2006)* sont des spécialistes d'Huiles Essentielles.

Une autre technique qui est la RMN C^{13}, utilisée dans le cas des composés difficilement séparables par CG/SM, et le cas des molécules inséparables, exemple des stéréoisomères *(Tomi et al ., 1997 ; Kubeczka, 2002 ; Bruneton, 2004).*

XI-   Les domaines actuels utilisant les huiles essentielles

A présent, approximativement 3000 H.E sont connues et 300 d'entre elles sont commercialisées, principalement dans le domaine pharmaceutique, alimentaire et cosmétique. *(Van de Braak and Leijten ,1999 ;Bakkali et al., 2008).*

Les plus grands producteurs d'H.E sont des pays développés ou en voie de développement (Brésil, Chine, Egypte, Inde, Mexique, Guatémala et Indonésie), tandis que les plus grands consommateurs sont les pays industrialisés (USA, Europe, d'Ouest et le Japan). *(Lawrence, 1993 ; Anonyme, 2003).*

34

Suite à leurs propriétés antiseptiques, les H.E connaissent un large emploi dans de nombreux domaines. Elles sont largement utilisées dans les parfums et dans de nombreux domaines de la cosmétologie *(Goetz and Busser ,2006 ; Revuz , 2008)* les produits sanitaires en chirurgie dentaire, en agriculture, comme remèdes naturels *(Hajhashemi et al., 2003 ; Perry et al .,2003 ; Silva et al., 2003)*. De plus, elles sont utilisées dans les produits d'entretien, la chimie fine, l'industrie pharmaceutique et l'aromathérapie *(Torsell ,1997 ; Lawrence, 2001 ;Dewick ,2002 ; Evans ,2002 ; Belitz et al., 2004)* [l'aromathérapie est l'usage thérapeutique des H.E, appliquées localement (massage, compresse), introduites par voie interne ou utilisées par inhalation] *(Ernest et Pittler, 2005 ; Delille ,2007 ; Dorland, 2008)*.

Par exemple, le d-limonène, le géranyl acétate et le d-carvone sont utilisés dans les crèmes et les savons *(Hajhashemi et al., 2003 ; Perry et al., 2003 ; Silva et al., 2003)*

Certains composants sont utilisés dans les préparations destinées à stimuler la croissance des cheveux et son entretien. Le camphre, le menthol, utilisé dans les produits de soin de jambes fatiguées et lourdes,

Le camphre, le menthol, le salicylate de méthyle, H.E de plantes : romarin, menthe poivrée, extrait d'urtica (ortie) *(Anonyme, 2000)*.

Les H.E connaissent un intérêt tout nouveau pour le traitement de l'air, divers auteurs ont étudié cette suggestion et l'ont appliqué pour assainir l'air des hôpitaux, des installations collectives et même pour conserver et désinfecter les musées et leurs archives *(Debillerbeck et al., 2002 ; Pibiri, 2006 ; Debillerbeck, 2007 ; Morisette, 2007)* elles sont également appliquées dans la désinfection des locaux de soin des cabinets dentaires *(Brisset et Lécolier, 1997)*.

XII-   Bioactivité des huiles essentielles :

Les HE sont largement utilisées pour leur propriétés antiseptiques (Recio et al 1989, *Lis-Balchin et al 1998, Mourey & Canillac 2002, Bouanoun et al 2007)*, antiparasitaires, antispasmodiques et antioxydantes *(Deba et al 2008, Khadri et al 2008).*

De nombreuses études traitent des activités des HE, qu'elles soient citées dans des ouvrages, dans des journaux spécialisés ou présentés lors de congrès d'aromathérapie scientifique.

Les HE ou quelques uns de leurs composants sont effectivement efficaces contre une large variété d'organismes, incluant les bactéries *(Chaibi et al 1997, Chang et al 1997, Digrak et al 1999, Skandamis et al 2000, Inouye et al 2001, Yoo & Day 2002, Ozkan et al 2003, Preuss et al 2005, Bekhechi et al 2008),* les virus *(Duschatzky et al 2005)* , les mycètes dont les levures *(Sacchetti et al 2005, Karman et al 2001),* l'espèce la plus étudiée est Candida albicans *(Giordani et al 2004, Tempeiri et al 2005, Agiordani & Kloustian 2006, Pauli 2006, Chaib et al 2007, Ezzat 2007, Dordevic et al 2007, Loizzo et al 2008, Kelen & Topi 2008),* le type modèle des mycètes.

Les HE ont également manifesté leur effet fongicide sur les moisissures *(Tantaoui & Beraoud 1992, Krauze-Baranowska et al 2002, De billerbeck 2002, Voda et al 2004, Abu Shahla & Abou el Khair 2007)* et sur les dermatophytes *(Yang et al 1999, Oliva et al 2003, Ouraini et al 2005a, Ouraini et al 2005b, Ouraini et al 2007).*

MATERIELS & METHODES :

I- L'Huile essentielle de *Tetraclinis articulata*

1- Récolte

L'espèce *Tetraclinis articulata* a été récoltée de la station de Ghazaouet, durant les

mois suivants: Novembre 2007, Décembre 2007, Mai 2008 et Novembre 2008, le matériel

végétal a été prélevé de peuplements spontanés afin d'assurer l'homogénéité du matériel.

Les échantillons ont été identifiés par le laboratoire d'écologie, gestion des

écosystèmes naturels (université de Tlemcen) et par le Département de foresterie du parc

national de Tlemcen.

2- Zone d'étude

La ville de Ghazaouet est située à l'extrémité ouest Algérien, à 60 km au nord de la wilaya de Tlemcen. Elle est limitée au nord par la mer méditerranée, au sud par la commune de Tient, au sud-est par la commune de Nédroma, à l'est par la commune de Dar Yaghomracen, à l'ouest par la commune de Souahlia (Fig. 08).

Les coordonnées géographiques sont :

Latitude : 35° 06' 00" N

Longitude : 01° 52' 21" W

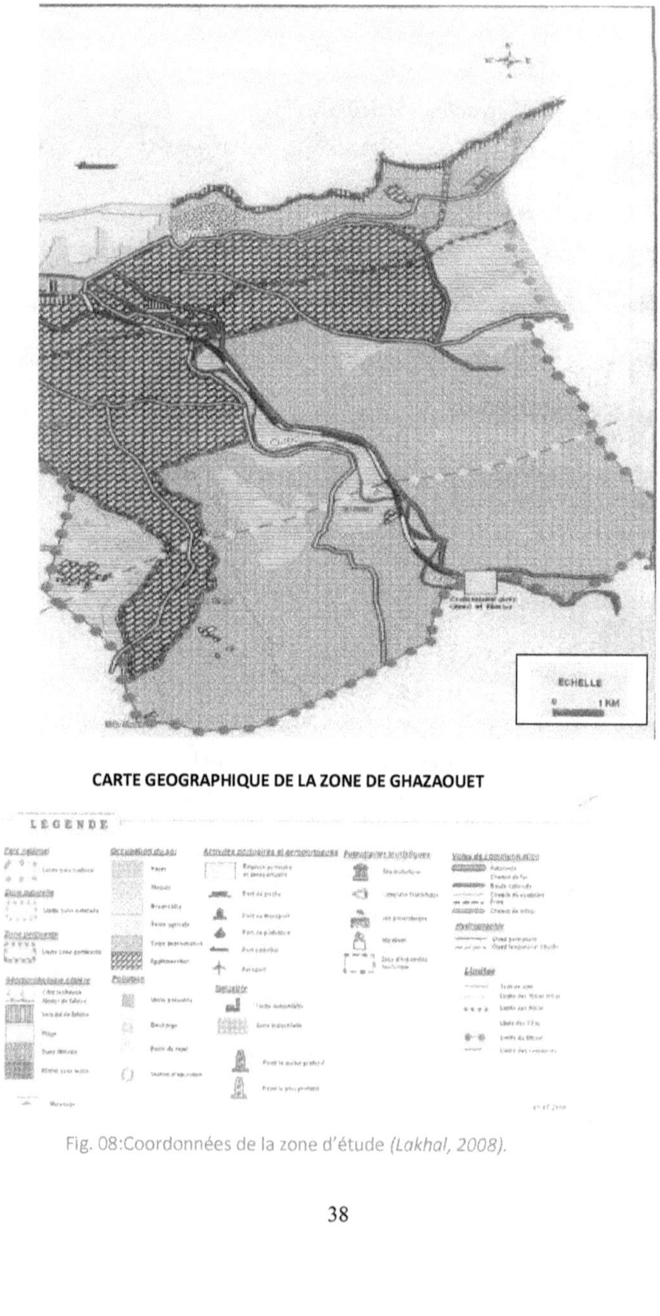

CARTE GEOGRAPHIQUE DE LA ZONE DE GHAZAOUET

Fig. 08:Coordonnées de la zone d'étude *(Lakhal, 2008).*

3-   Séchage

Après chaque récolte le matériel végétal est nettoyé (débarrassé de ses débris), étalé sur du papier et laissé sécher à Température ambiante, à l'abri de l'humidité et de la lumière, pour une période de 10 jours ou plus. Une fois séché, il est conservé dans des sacs en papier et est prêt pour l'extraction.

4-   Extraction

Après séchage du produit, on effectue l'extraction de son huile essentielle. Deux méthodes furent utilisées :

- L'hydrodistillation,

- L'entrainement à la vapeur d'eau,

Plusieurs paramètres tels que la quantité du matériel végétal, l'état sur lequel il se trouve, la quantité d'eau introduite, la durée de l'extraction, … influent sur le rendement. Il a été vérifié que le rendement diminue fortement d'une part quand la charge du matériel végétal augmente, et d'autre part quand on introduit une quantité d'eau trop importante. (Boutekdjiret ,1990).

4-a Extraction par Hydrodistillation :

C'est la plus simple technique parmi toutes les techniques d'extraction des HE. Elle consiste à immerger directement le matériel à traiter dans de l'eau distillée qui est portée à ébullition.

Le montage est constitué d'un ballon en verre, placé au-dessus d'une chauffe ballon, contenant 150 g de matériel végétal (coupé en morceaux) et additionné d'1.5 litres d'eau distillée.

Ce ballon est surmonté d'une colonne qui communique avec un réfrigérant, permettant la condensation des vapeurs d'eau chargées des gouttelettes d'HE, qui sont ensuite recueillies sous forme de distillat dans une ampoule à décanter.

Le tout est porté à ébullition pour une durée de 3h à 3h30, après l'apparition des premières gouttelettes de vapeur. (Fig 9 et 10)

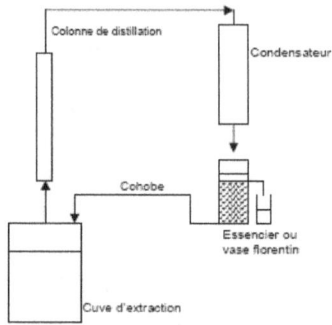

Fig 9 : Principe schématisé de l'appareillage d'hydrodistillation

(Lagunez Rivera, 2006)

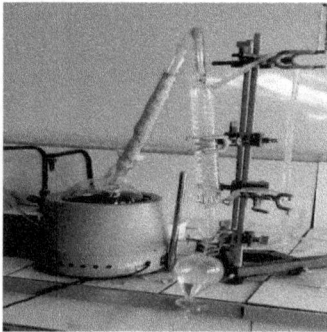

Fig10:Montage de l'hydrodistillation utilisé.

4-b Extraction par entrainement à la vapeur d'eau

Le montage utilisé est un modèle réduit de l'alambic industriel. Il est constitué d'un cylindre métallique contenant de l'eau, placé au-dessus d'une source de chaleur, et surmonté d'une enceinte métallique en tôle inoxydable pouvant recevoir 1 à 3kg de matériel végétal.

La substance végétale n'est pas en contact direct de la chaleur, mais elle est placée sur une grille recouverte d'une compresse. Le temps d'extraction est de 3h après l'apparition des premières gouttelettes de vapeur. (Fig 11 ;Fig 12)

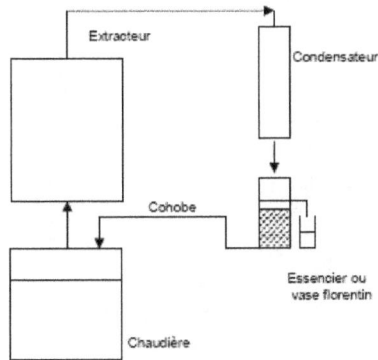

Fig11 : Principe schématisé de l'appareillage d'extraction par
entraînement à la vapeur de l'eau (Richard et Peyron, 1992).

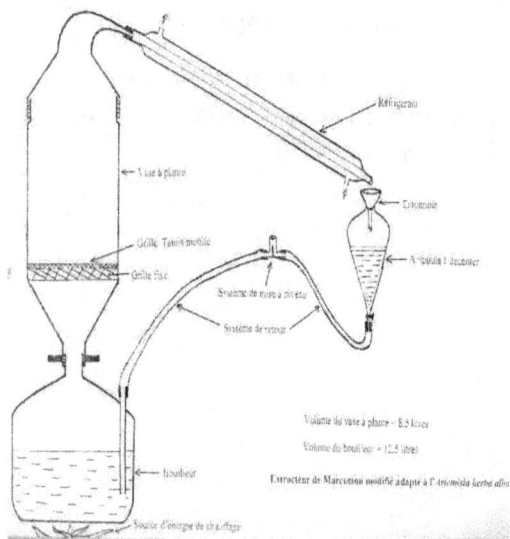

Fig12:Montage de l'entrainement à la vapeur d'eau utilisé

(Benmansour,1999)

4-c Calcul du rendement

L'HE extraite est conservée à l'abri de la lumière, dans des tubes couverts de papier aluminium, au réfrigérateur à +4°C.

Le rendement en HE est défini comme étant le rapport entre la masse d'HE obtenue et la masse végétale sèche à traiter. (Carré, 1953)

$$Rd = (m / m_0). 100$$

Rd : rendement exprimé en %,

m : masse en gramme de l'HE récupérée,

m_0 : prise d'essai initiale du matériel végétal en gramme.

II-   Etude physico-chimique de l'huile essentielle

1-   Caractéristiques physiques

a-Evaluation de la miscibilité à l'éthanol NF T 75-101, ISO 875-1981

a-1 Définition :

Une huile essentielle est dite miscible à V volumes et plus d'éthanol, à la température de 20°C, lorsque le mélange de 1volume de l'H.E considérée avec V volumes de cet éthanol est limpide et le reste après addition graduelle d'éthanol de même titre, jusqu'à un total de 20 volumes.

a-2 Principe :

Evaluation de la miscibilité et, éventuellement de l'opalescence.

b- Détermination de la densité relative à 20°C NF T 75-111, ISO 279-1981

b-1 Définition :

La densité relative à 20°C d'une H.E est le rapport de la masse d'un certain volume d'H.E à 20°C, à la masse d'un égal volume d'eau distillée à 20°C.

Cette grandeur est sans dimension et son symbole est d^{20}_{20}.

b-2 Principe

A l'aide d'un pycnomètre, pesées successives de volumes égaux d'H.E et d'eau.

b-3 Appareillage

- Pycnomètre en verre,

- Balance analytique,

b-4 Mode opératoire

- Préparation du pycnomètre, bien nettoyé et sec,

2- Pesée de l'eau distillée,

3- Pesée de l'huile essentielle.

44

Elle est donnée par la formule suivante :

$$(m_2 - m_0) / (m_1 - m_0)$$

Où :

m_0 est la masse en grammes du pycnomètre vide,

m_1 est la masse en grammes du pycnomètre rempli d'eau,

m_2 est la masse en grammes du pycnomètre rempli d'huile essentielle

c- Détermination de l'indice de réfraction : NF T 75-112, ISO 280-1976

c-1 Définition :

L'indice de réfraction d'une H.E est le rapport entre le sinus de l'angle d'incidence et le sinus de l'angle de réfraction d'un rayon lumineux de longueur d'onde déterminée, passant de l'air dans l'huile essentielle maintenue à une température constante.

c-2 Principe :

Suivant le type d'appareil utilisé, soit un mesurage direct de l'angle de réfraction, soit une observation de la limite de réflexion totale.

c-3 Expression des résultats :

L'indice de réfraction, n^t_D, à la T de référence t est donné par la formule :

$$n^t_D = n^{t'}_D + 0.0004\,(t - t')$$

où :

$n^{t'}_D$ est la valeur de la lecture obtenue à la température t' à laquelle a été effectuée la détermination.

45

d- Détermination du pouvoir rotatoire : NF T 75-113, ISO 592-1981

d-1 Définition :

Le pouvoir rotatoire d'une H.E α_D^t : angle, exprimé en milliradians et/ou degrés d'angle. Le plan de polarisation d'une radiation lumineuse de longueur d'onde 589.3 nm ± 0.3 nm, correspond aux raies D du sodium, lorsque celle-ci traverse une épaisseur de 100nm de l'huile essentielle dans des conditions déterminées de température.

d-2 Appareillage :

- Polarimètre

d-3 Expression des résultats :

Le pouvoir rotatoire, exprimé en milli radians et/ou degrés d'angle, est donné par la formule:

$$\alpha_D^t = (A / I) * 100\mu :$$

A est la valeur de l'angle de rotation exprimée en milli radians et/ ou degrés d'angle,

I est la longueur du tube utilisé exprimée en millimètres.

2-   Caractéristiques chimiques

a- Détermination de l'indice d'acide NF T 75-103, ISO 1242-1980

a-1 Définition :

C'est le nombre de milligrammes d'hydroxyde de potassium nécessaire à la neutralisation des acides libres contenus dans 1g d'huile essentielle.

a-2 Réactifs :

-Ethanol, à 95%

-Hydroxyde de potassium, solution éthanolique titrée, c(KOH)=0.1 mol/l

-Indicateur coloré: Phénolphtaléine, solution à 2g/l dans de l'éthanol

 ou Rouge de phénol, solution à 0.4g/l dans de l'éthanol à 20%

a-3 Appareillage :

-Ballon ou fiole de 100ml,

-Eprouvette de capacité 5ml,

-Burette,

-Balance analytique

a-4 Mode opératoire :

 Peser 2g de l'échantillon et l'introduire dans le ballon ou la fiole. Ajouter 5ml d'éthanol et cinq gouttes de solution de phénolphtaléine (ou de rouge de phénol) comme indicateur et neutraliser le liquide avec la solution d'hydroxyde de potassium contenue dans la burette.

a-5 Expression des résultats :

L'indice d'acide est donné par la formule:

$$5.61\ V\ /\ m$$

Où :   V : est le volume en millilitre de la solution d'hydroxyde de potassium,

        m : est la masse en grammes, de la prise d'essai.

                                5.61 : correspond à 0.1 mol/l de KOH.

47

b- Détermination de l'indice d'ester : NF T 75-104, ISO 709-1980

b-1 Définition :

L'indice d'ester I.E est le nombre de milligrammes d'hydroxyde de potassium nécessaire à la neutralisation des acides libérés par l'hydrolyse des esters contenus dans 1g d'huile essentielle.

b-2 Principe :

Hydrolyse des esters par chauffage, en présence d'une solution éthanolique et dosage de l'excès d'alcali par une solution titrée d'acide chlorhydrique.

b-3 Réactifs :

-Ethanol, à 95%

-Hydroxyde de potassium, c (KOH)=0.5 mol/l,

-Acide chlorhydrique, c(HCl)=0.5 mol/l,

-Indicateur coloré : phénolphtaléine ou rouge de phénol

b-4 Mode opératoire :

Dans un ballon introduire 2g de l'échantillon, ajouter à l'aide d'une burette 25ml de la solution d'hydroxyde de potassium et des fragments de pierre ponce ou de porcelaine.

Adapter le tube en verre ou le réfrigérant et placer le ballon sur le bain d'eau bouillante.

Laisser refroidir, démonter le tube et ajouter 20ml d'eau puis 5 gouttes de la solution de phénolphtaléine ou de rouge de phénol.

b-5 Expression des résultats :

L'indice d'ester I.E est donné par la formule :

$$IE = (28.05/ m) (V_0 - V_1) - IA$$

Où:

V_0 est le volume, en millilitres, de la solution chlorhydrique utilisé pour l'essai à blanc,

V_1 est le volume, en millilitres, de la solution d'acide chlorhydrique,

m est la masse, en grammes, de la prise d'essai (en général 2g± 0.05g),

IA est la valeur de l'indice d'acide

28.05 : correspond à 0.5 mol/l de KOH.   (AFNOR,1986)

48

III-   Examen phytochimique de l'espèce *Tetraclinis articulata*

La recherche des métabolites secondaires à été faite sur des extraits préparés à partir des feuilles de thuya séchées et découpées en petits morceaux, en effectuant des réactions colorimétriques. Trois solvants ont été utilisés, deux solvants polaires (éthanol, eau) et un solvant apolaire (éther de pétrole).

1-   Matériel végétal épuisé avec l'éthanol

Dans un ballon monocle, surmonté d'un réfrigérant,nous avons mis 50 g de matériel végétal en présence de 300ml d'éthanol. Nous avons porté l'ensemble à reflux pendant 1h, filtré le mélange et avons soumis l'extrait éthanolique aux tests suivants.

1-a Les alcaloïdes :

Evaporer 20ml de la solution éthanolique, ajouter 5ml d'HCL (10%) au résidu et chauffer dans un bain-marie. Filtrer le mélange et l'alcaliniser avec quelques gouttes de la solution de NH_4OH (10%) jusqu' à pH 9. extraire la solution avec l'éther diéthylique et l'évaporer .

Dissoudre le résidu dans 0.5ml d' HCL (2%).

Caractériser les alcaloïdes avec le réactif de Mayer et de Wagner.

A 0.5ml de la solution, ajouter 2 à 3 gouttes du réactif.

La présence des alcaloïdes est confirmée par l'apparition d'un précipité blanc avec le réactif de Mayer et d'un précipité brun avec le réactif de Wagner.

Réactif de Mayer. Dissoudre 1.358g de $HgCL_2$ dans 60mld'eau distillée. Dissoudre 5g de KI dans 10 ml d'eau.

Mélanger les deux solutions puis ajuster le volume totale a 100ml.les les alcaloïdes donnent

avec ce réactif un précipité blanc.

Réactif de Wagner. Dissoudre 2g de KI et 1.27g de I_2 dans 75 ml d'eau. Ajuster le volume total à 100 ml d'eau.

Les alcaloïdes donnent avec ce réactif un précipité brun.

1-b Les Flavonoïdes :

Traiter 5ml d'extrait alcoolique avec quelques gouttes d' HCl concentré et 0.5 g de tournures de magnésium.la présence des flavonoïdes est mise en évidence si une couleur rose ou rouge se développe en l'espace de 3 mm.

1-c Les tanins :

A 1 ml de solution alcoolique .ajouter 2 ml d'eau et 2 à 3 gouttes de solution de $FeCl_3$ diluée. Un test positif est révélé par l'apparition d'une couleur bleue-noire pour les tanins galliques ou verte -bleue s'il s'agit des tanins cathéchiques.

1-d Les composés réducteurs :

Traiter 1 ml de l'extrait éthanolique avec 2ml d'eau distillée et 20 gouttes de liqueur de Fehling puis chauffer. Un test positif est révélé par la formation d'un précipité rouge –brique.

1-e Les anthracénosides, les coumarines, les anthocyanosides :

Prendre 25 ml de l'extrait éthanolique en présence de 15 ml de HCl (10%), porter à reflux pendant 30mn refroidir la solution et l'extraire avec l'éther diéthylique jusqu'à l'apparition de deux phases distinctes.

-Les anthracénosides.

Traiter 8 ml de la solution extractive ethérique par quelques gouttes de NaOH (le réactif de Borntrager). Un test positif est révélé par l'apparition d'une teinte vive variant à l'orangé –rouge ou violet – pourpre.

-Les coumarines.

Évaporer 5ml de la solution extractive ethérique .dissoudre le résidu dans 1 à 2 ml d'eau chaude. Diviser le volume en deux parties .prendre le demi-volume comme témoin et ajouter à l'autre volume 0.5ml de NH_4OH (10%).mettre deux taches sur un papier filtre et examiner sous la lumière U.V.

Une fluorescence intense indique la présence des coumarines.

-les anthocyanosides.

Doser la solution aqueuse acide avec une solution de NaOH .s'il y'a un virage de couleur en   fonction du pH, la présence des anthocyanosides est confirmée.

pH<3, la solution prend une couleur rouge.

4<pH<6, la solution prend une couleur bleue.

1-f Les stérols et stéroïdes

Evaporer 10ml d'extrait éthanolique, traiter le résidu obtenu avec 10ml de chloroforme anhydre. Filtrer, mélanger 5ml de la solution chloroformique avec 5ml d'anhydre acétique et ajouter quelques gouttes d'acide sulfurique concentré. Agiter puis laisser reposer. Un test positif est révélé par l'apparition d'une coloration violacée fugace virant au vert (maximum d'intensité en 30 mn à 21°).

Evaporer l'extrait éthanolique correspondant à 10 ml puis dissoudre le résidu obtenu dans 0.5ml d'anhydre acétique et 0.5 ml de chloroforme. filtrer, ajouter 5ml d'anhydre acétique et ajouter quelques gouttes d'acide sulfurique si une solution bleue-verte apparaît, elle indique la présence des hétérosides stéroliques, une couleur vert-violet indique la présence des hétérosides terpéniques.

2-   Matériel végétal épuisé avec l'eau chaude

Dans un ballon surmonté d'un réfrigèrent, nous avons introduit 50g de matériel végétal en présence de 300 ml d'eau. Nous avons porté l'ensemble à reflux pendant 1h, filtré le mélange et avons soumis l'extrait aqueux aux tests suivants.

2-a L'amidon :

Traiter 5ml de cette solution avec le réactif d'amidon. L'apparition d'une coloration bleue-violacée indique la présence d'amidon.

2-b Les saponosides :

Ajouter à 2ml de la solution aqueuse un peu d'eau et agiter. Une écume persistante confirme la présence des saponosides. Abandonner le mélange pendant 20 mn et classifier la teneur en saponosides :

- pas de mousse = test négatif.

- mousse moins de 1 cm = test faiblement positif.

- mousse de 1-2 cm = test positif.

- mousse de plus de 2 cm = test très positif.

3- Matériel végétal épuisé avec l'éther de pétrole

Mettre 1 gramme de matériel végétal sec, broyer et ajouter 15 à 30ml d'éther de pétrole. Après agitation et un repos de 24 h, filtrer les extraits et les évaporer. Ajouter quelques gouttes de

Na OH 1/10.

La présence des quinones libres est confirmée par l'apparition d'une couleur qui vire au jaune.

Dans un ballon surmonté d'un réfrigèrent à reflux, mettre 5 g en présence de 30ml d'éther de pétrole. Porter l'ensemble à reflux pendant 1h.Filtrer le mélange.

3-a Stérols et triterpènes :

Evaporer 10 ml de l'extrait ethérique. Dissoudre le résidu dans 0.5ml d'anhydride acétique et 0.5 ml de chloroforme. Ajouter 2 ml d'acide sulfurique concentré. Un anneau rouge brun ou violet dans la zone de contacte avec le surnagent ou une coloration violette indique la présence des stérols et triterpènes.

3-b Polyuronides :

10 ml d'éthanol sont placés dans un tube à essai, 2ml de l'extrait ethérique sont ajoutés gouttes à gouttes .l'apparition d'un précipité violet ou bleu indique la présence d'un mucilage.   (Lazouni, 2007)

IV- Analyse chromatographique par CPG

Une analyse par chromatographie en phase gazeuse couplée à la spectrométrie de masse à été réalisée.

La chromatographe en phase gazeuse permet de séparer les constituants du mélange. Le spectromètre de masse associé permet d'obtenir le spectre de chacun des constituants et bien souvent de les identifier.

L'analyse des huiles essentielles du Thuya (*Tétraclinis articulata*) à été effectuée au sein du laboratoire de l'Ecole Normale Supérieure de Chimie de Montpellier.

Nos échantillons ont été analysés dans les conditions opératoires suivantes :

-type de chromatographe :varian CP3800

-type de spectromètre de masse :varian saturn 2000

-type de colonne :DB 5ms(CP-sil 8CB-MS colonne capillaire à faible polarité et à faible bleeding) ; 30 m , 0.248 m-d int 0.25μm.

-énergie d'ionisation électronique : 70 eV

-type et débit de gaz vecteur Hélium à 1 ml/mm

-programmation de température :

- Injecteur : 220°C
- Four : température initiale : 50°C pendant 2 mn.
  température finale : 220°C pendant 20 mn, à raison de 4°C/mn.

-quantité injectée : 0.02μl dans le mode split 1/80.

V-   Etude du pouvoir antibactérien

1-   Provenance des souches

Les souches bactériennes ont été fournies par l'Organisation Mondiale de la Santé (OMS), et étaient disponibles au niveau du Laboratoire de Microbiologie du département de Biologie Moléculaire et Cellulaire, université de Tlemcen.

Les différentes souches sont :

Escherichia coli ATCC 25922

Escherichia coli ATCC 25921

Pseudomonas aeruginosa ATCC 27853

Staphylococcus aureus ATCC 25923

Bacillus cereus CHU de Tlemcen

2-   purification des souches

2-1 Préparation et purification des souches. Les cinq souches bactériennes sont revifiées dans le bouillon cœur-cervelle à une température de 37°C pour une durée de 24h, et ensemencées, sur le milieu Mac Conkey pour *Escherichia coli(1), Escherichia coli(2), Pseudomonas aeruginosa,* Chapman pour *Staphylococcus aureus* et la gélose nutritive fortifiée pour *Bacillus cereus*.

La purification à été obtenue par repiquage successif sur bouillon et sur gélose, en prenant chaque fois les colonies les plus distinctes.

2-2 Identification   Bien que ces micro-organismes proviennent de souches de référence connues, une identification à été effectuée pour confirmer leur appartenance aux différentes espèces.

Les caractères vérifiés sont :

- Les caractères morphologiques :

- L'aspect des colonies, l'examen de l'état frais, la coloration de Gram.

- L'étude de la respiration.

- L'étude des caractères biochimiques et nutritionnels :

- La mise en évidence des enzymes respiratoires : la catalase et le cytochrome oxydase.

- L'étude du métabolisme glucidique.

- L'étude du métabolisme protéique.

-L'étude des caractères morphologiques et tinctoriaux.

Forme de la cellule (sphériques, bâtonnet, incurvé), aspect de la cellule (unicellulaire, en double, en chainettes, en amas), mobilité, présence ou absence de capsules, Gram + ou -.

-La détermination du type respiratoire

Cette épreuve consiste à ensemencer par piqure centrale les souches dans une gélose viande-foie contenue dans des tubes de prévôt. (L'incubation se fait 24 heures à 37°C).

-La mise en évidence des enzymes respiratoires.

La catalase.

La catalase est une enzyme du système respiratoire présente chez les bactéries qui ont un métabolisme oxydatif. Elle décompose l'eau oxygénée en eau et en oxygène.

Une suspension bactérienne est préparée dans un tube à essai contenant quelque ml d'eau distillée ou physiologique, ensuite quelques gouttes d'eau oxygénée sont ajoutées.si la bactérie possède une catalase, on observe une formation plus ou moins intense de bulles d'oxygène. (Neji,1983)

L'oxydase.

Les disques imprégnés de N,N diméthyle-para-phénylene –diamine sont destinés à mettre en évidence l'oxydase du système respiratoire de certaines bactéries.

Les colonies à tester sont déposées sur les disques humides.une coloration violette- noir survenant rapidement prouve l'existence d'une oxydase dans le système enzymatique du germe. (Neji,1983)

-Auxonogramme.

Les milieux destinés à 'étude générale des glucides sont composés :

-d'eau pepetonée

-de solution d'indicateur de pH (rouge de phénol)

-de sucre en solution

La lecture est effectuée après 24h à 37°C. Le virage au jaune indique l'utilisation des sucres. (Neji,1983).

-Triple Sugar Iron.

Le milieu TSI permet de mettre en évidence l'attaque du glucose, lactose, saccharose

Ainsi que la production d'H_2S. L'ensemencement se fait par stries sur la pente, puis par piqure centrale dans le culot.

-Détermination du type de métabolisme du glucose :

Le glucose peut être métabolisé soit par voie fermentaire ou la quantité d'acides est importante, soit par voie oxydative qui ne donne naissance qu'à de petites quantités d'acides.

Pour ce test, deux tubes de milieu MEVAG sont ensemencés par piqure centrale, le premier tube est mis à l'étuve directement, le second est recouvert d'une couche de1 à 1.5 cm d'épaisseur de paraffine stérile pour être incubé pendant 24 h à 30 °C.

-Recherche de la béta-galactosidase :

Les bactéries en culture sur milieu nutritif incliné sont mises en suspension et additionnées d'une solution d'ONPG (orthonitro-phényl-galactopiranoside)

0.5 ml d'eau distillée est coulée dans un tube à hémolyse. Une suspension laiteuse est ajoutée et émulsionnée avec l'eau distillée.

On Introduit dans le tube un disque d'ONPG et on incube à 37°C.

Une réaction positive se manifeste par l'apparition d'une couleur jaune due à la libération du nitrophénol.la coloration apparaît généralement entre 15 et 30 minutes.

-Hydrolyse de l'urée.

 L'Uréase hydrolyse l'urée en anhydride carbonique et ammoniaque.

1ml du milieu Stuart est inoculé avec une culture prélevé de préférence du milieu solide. Une incubation à l'étuve à 37°C pendant 24h

Lecture.

Uréase positive: apparition d'une coloration rouge pourpre.

Uréase négative: pas de changement de teinte

-Etude de la dégradation des acides aminés.(ADH/ODC/LDC)

Pour étudier la décarboxylation, on utilise généralement le bouillon de Moeller.

Prenez trois tubes contenant le bouillon Moiller, contenant l'arginine, l'ornithinine et la lysine sans oublier un témoin.

Ensemencer chaque tube avec les microorganismes à étudier.

Recouvrir le milieu à l'aide d'une couche d'huile paraffine stérile.

Incuber à l'étuve à 37°C pendant 4 jours.

Lecture :

Réaction positive : coloration violette à pourpre.

Réaction négative : coloration jaune. **(Neji, 1983)**

-Recherche de la gélatinase :

Dans un tube à hémolyse, faire une suspension épaisse, laiteuse, de bactéries dans 0.5 ml d'eau physiologique. Placer une languette de film dont une partie seulement est immergée dans cette suspension .Boucher les tubes avec un bouchon en caoutchouc pour éviter l'évaporation. Incuber à 37°C à l'étuve pendant 4 jours. **(Neji, 1983)**

-Recherche de l'acétoine ou réaction de Voges-Proskauer (VP)

Certaines bactéries sont capables de produire de l'acéthylméthylcarbinol (AMC ou acétoine)

-soit directement à partir de deux molécules d'acide pyruvique.

-soit au cours de la fermentation 2-3 butylène –glycolique après passage par l'acétolactate et le diacethyl.Pour mettre en évidence la production d'acétoine, deux tubes à hémolyses contenant 0.5 ml Clark et Lubs sont ensemencés avec une suspension de la souche à étudier, l'un servira à rechercher la réaction RM, l'autre pour la réaction de VP. **(Neji, 1983)**

-Recherche de l'utilisation du citrate sur le milieu citrate de Simmons:

Ce milieu ne contient qu'une seule source de carbone : le citrate .Seules les bactéries possédant un citrate perméase sont capables de se développer sur ce milieu.

La pente du milieu est ensemencée avec une série longitudinale au moyen d'une anse de suspension bactérienne, l'incubation est à 37°C pendant 5 jours. **(Neji, 1983)**

-Test du mannitol –mobilité.

Ce milieu permet de rechercher simultanément l'utilisation du mannitol, la mobilité et la réduction des nitrates en nitrites.

Ensemencer par piqure centrale à l'aide d'un fil bien droit, chargé de culture en milieu solide ou liquide .incuber 18 à 24 h à 37°C.

-Recherche de la nitrate réductase:

Sous l'action d'une nitrate réductase synthétisée par certaines bactéries, les nitrates sont réduits en nitrites mis en évidence par le réactif de Griess qui donne une coloration rouge.

Ensemencer les bactéries à étudier dans 1 ml de bouillon nitraté.

Incuber à l'étuve à 37°C durant 24 h.

Apres incubation, déposer à la surface du milieu nitraté 3 à 4 gouttes du réactif.

-Recherche de la coagulase libre :

Le principe de ce test est de mettre en contact du plasma oxalté incapable de se coaguler seul avec une culture sur bouillon cœur-cerveau.si le fibrinogène soluble dans le plasma se transforme en fibrine solide, un caillot se formera au fond du tube.

Seuls les staphylocoques pathogènes coagulent les plasmas humains ou de lapins.

Dans un tube à hémolyse ,verser 0.5 ml de BHIB préalablement ensemencé par le germe étudié et incubé 24 h avant à 37 °C.Ajouter 0.5 ml de plasma oxalaté,puis homogénéiser et incuber à 35°-37°C pendant 24 h. un tube témoin est ajouté.

Un résultat positif se traduit par coagulation du plasma. (Neji,1983).

-Milieu Hugh et Leifson :

Usage : Détermination de la voie d'attaque des glucides. Préparation : 9.8 g/cm^2 .Autoclavage classique. Conditionner une hauteur suffisante .Le glucide à tester est ajouté avant ou après autoclavage à la concentration finale de 10 g.cm^2 Lecture : ce milieu est utilisé pour la mise en évidence du type respiratoire. L'observation de l'acidification éventuelle sur toute la hauteur du tube ensemencé en piqure centrale permet de conclure. L'ensemencement de deux tubes dont un recouvert de vaseline stérile est inutile. Certaines bactéries (anaérobies strictes, coques Gram + cultivent mal sur ce milieu : on lui préférera alors CTA.

Les tests spécifiques de chaque souche sont mentionnés dans l'organigramme des bactéries à Gram positives et à Gram négatives. (Fig 13.a, Fig 13. b)

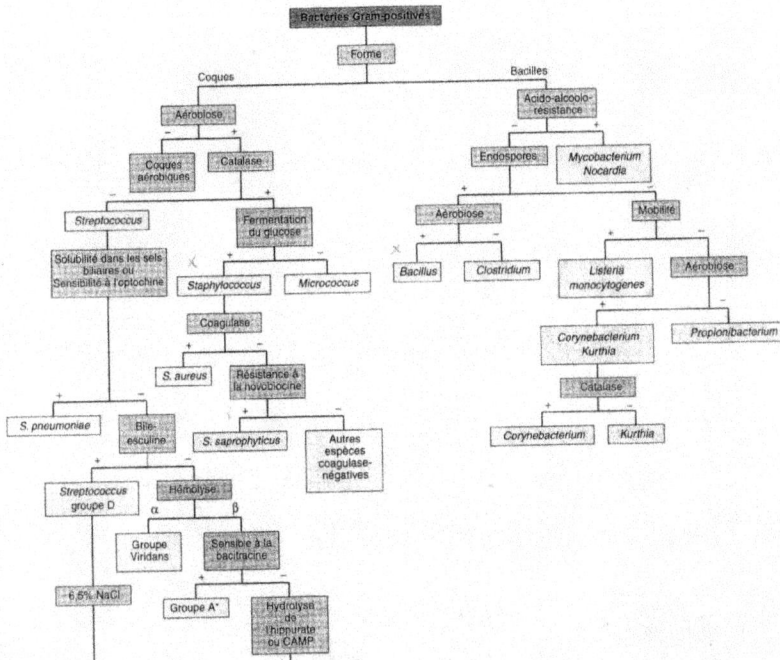

Fig 13(a) : Schéma d'identification des bactéries Gram-positives

(Prescott et al., 2003)

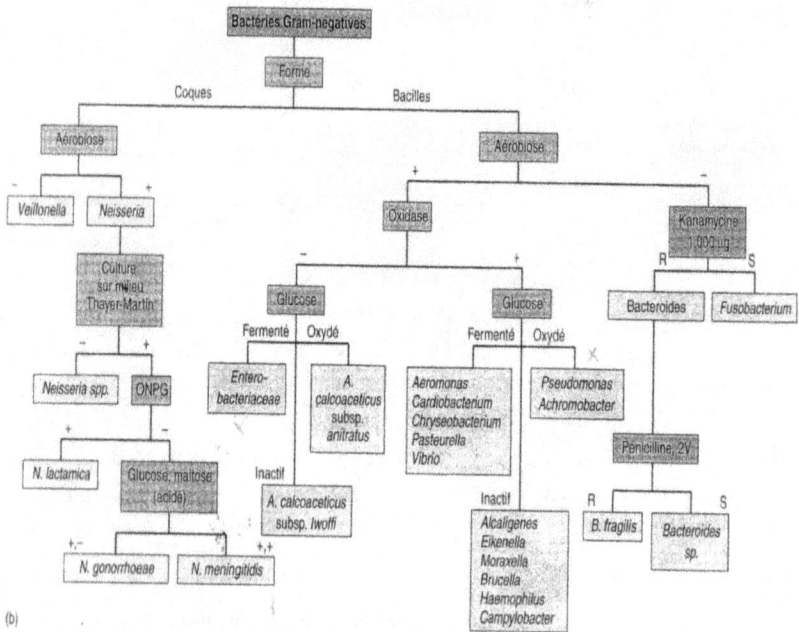

Fig 13 (b) : Schéma d'identification des bactéries Gram-négatives.

(Prescott et al.,2003)

2-3 Entretien

L'entretien des souches se fait par prélèvement de souches stockées et repiquages successifs dans de la gélose et le bouillon nutritif, tous les 15 jours environ ou avant chaque nouvelle série de tests.

2-4 Conservation

Les souches utilisées ont été conservées à +4°C dans la gélose nutritive.

3- Méthodes d'étude du pouvoir antimicrobien :

3-1 Préparation de l'inoculum :

Sur boite de Pétri contenant le milieu G.N, les souches bactériennes sont ensemencées par stries. Après 18h d'incubation à 37°C, une colonie bien isolée est prélevée et émulsionnée dans 10ml d'eau physiologique stérile. Bien homogénéiser au vortex. L'inoculum est ajusté à 0.5 Mac Farland, ce qui correspond à une DO de (0.08 à 0.1) à 625 nm .La concentration finale est ainsi de

10^8 UFC/ml.

Remarque :

1-Pour ajuster l'inoculum, nous ajoutons soit de la culture bactérienne, s'il est trop faible, soit de l'eau physiologique s'il est trop fort.

2- L'ensemencement doit se fait dans les 15mn qui suivent la préparation de l'inoculum.

3-2 Méthode de contact indirect : Aromatogramme

Principe :

« L'aromatogramme est à la Phytothérapie ce que l'antibiogramme décrit par la Pharmacopée française, des antibiotiques à la médecine ».

Dr M.Girault 1971 *(Belaiche, 1979).*

L'aromatogramme est une méthode inspirée de l'antibiogramme (appelée aussi méthode par diffusion sur milieu gélosé ou méthode des disques,(*Pibiri, 2006 ;De Billerbeck, 2007*).

Cette méthode a l'avantage d'être d'une grande souplesse, de s'appliquer à un très grand nombre d'espèces bactériennes et d'avoir été largement évaluée par 50 ans d'utilisation mondiale. *(Fauchère et Avril, 2002)*

Nous avons adopté cette technique en raison de son large emploi *(Bekhechi, 2002 ; Pibiri, 2006; De Billerbeck, 2007 ;Bendahou, 2007 ; Bekhechi, 2008)*

Cette méthode repose sur le pouvoir migratoire des H.E sur un milieu nutritif solide *(Pibiri 2006).* Au fait, le disque imprégné d'ATB (d'H.E dans notre cas), après diffusion détermine un gradient de concentration. Les bactéries ne vont pas croître sur la surface imbibées d'H.E, c'est la *zone d'inhibition*. Plus le diamètre de cette zone est grand, plus la souche est sensible à l'ATB (à l'H.E), et plus il est petit, plus la Bactérie est résistante. *(Fauchère et Avril 2002).*

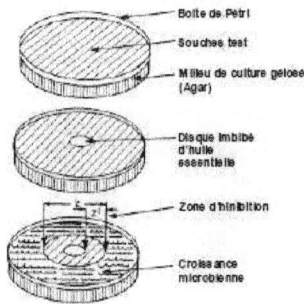

Fig.14a: Illustration de la méthode des aromatogrammes sur boite de Pétri. (Zaika, 1988).

1-Le milieu de culture gélosé en surfusion est coulé dans des boites de Pétri,

2-Une suspension de chaque germe est préparée en eau physiologique stérile et ajustée à 10^{8} bactéries/ml.

3-L'ensemencement est fait par écouvillonnage, (la Boite est tournée 4 fois, à chaque tour on ensemence de nouveau)

4-Des disques de papier Whatman stériles de 6mm de diamètre sont ensuite déposés sur les géloses, (un disque par boite)

5-Chaque disque est ensuite imprégné de 10µl d'H.E *(De Billerbeck 2007),*

6-En parallèle, nous avons utilisé des témoins (boites ensemencées sans disques, renseignant sur l'homogénéité du tapis bactérien) et des boites de contrôle (boites ensemencées dont les disques sont imprégnés de 10µl d'eau distillée stérile), pour vérifier la croissance de toutes les souches et comparer avec nos tests.

7-La boite est ensuite fermée et mise à l'étuve à 37°C pendant 24heures,

8- La lecture des résultats est exprimée selon 3 niveaux d'activités *(De Billerbeck 2007)*

Tableau 01 : Classification des souches bactériennes *(De Billerbeck 2007*

Résistant	$D < 6mm$
Intermédiaire	$6mm \leq D \leq 13mm$
sensible	$D > 13mm$

3-3 Méthode de la microatmosphère :

Principe :

Cette technique permet de mettre en évidence la diffusion des composants volatils des H.E (Pibiri 2006) et d'évaluer leur activité (Benjilali , 1984 ; Kellner et Kober,).

Dans cette technique le disque imprégné est déposé sur le couvercle de la boite de Pétri, renversée pendant toute la durée de l'expérience. Il n'est donc plus en contact avec le milieu gélosé.

Technique :

-Les milieux coulés en boite de Pétri sont ensemencés par écouvillonnage de suspension bactérienne de 10^8 germes/ml (expliqué auparavant).

-Des disques de papier Whatman stériles de 90mm de diamètre sont déposés aseptiquement sur les couvercles de boites de Pétri.

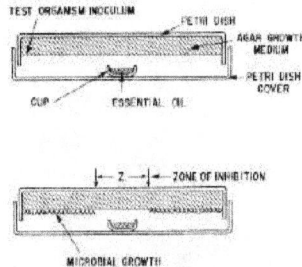

Fig. 14b : Illustration de la méthode des microatmosphères, (Zaika 1988)

-Ces disques sont imbibés de 3 quantités différentes d'HE (10, 50 et 100 µl).

-La boite est fermée avec le couvercle en bas (ce qui empêche le disque de tomber sur la gélose),

-Elle est ensuite mise à l'étuve à 37°C pour une durée de 24h.

-Dans la littérature relative aux HE, les résultats des aromatogrammes et des microatmosphères sont exprimés exclusivement à partir de la mesure du diamètre des halos d'inhibition, en cm ou en mm, (Pibiri, 2006).

Ils s'expriment eux aussi, selon les trois niveaux.

3-4 Méthode de contact direct

Une mise en émulsion de l'huile essentielle a été préalablement réalisée grâce à une solution d'agar agar à 0.2 % (Remmal et al ., 1993 ; Satrani et al .,2001) étant donné que cette huile n'est pas miscible à l'eau et donc aux milieux de culture. Elle permet d'obtenir, dans le milieu une répartition homogène des composés à l'état dispersé et d'augmenter au maximum le contact germe/composé (Bourkhiss et al, 2007).

L'huile essentielle est diluée d'abord au 1/10e dans la solution agar-agar. Des quantités de cette dilution sont ajoutées aux tubes à essais contenant la gélose nutritive pour les bactéries. Ils sont ensuite stérilisés, refroidis à 45° C et versés dans les boîtes de Pétri. Les concentrations finales en huiles essentielles sont 1/100, 1/250, 1/500, 1/1000, 1/5000 (V/V).

Des témoins contenant le milieu de culture plus la solution d'agar-agar à 0.2% seulement, sont également préparés.

L'ensemble se fait par stries à l'aide d'écouvillon et de spots afin de prélever le même volume d'inoculum .Ce dernier se présente sous forme de bouillon de culture bactérienne de 18h. La température d'incubation est de 37° C pendant 18h.

Chaque essai est répété de 2 à 5 fois afin de minimiser l'erreur expérimentale.

Tableau 02 : Concentration de L'H.E utilisée dans la méthode de contact direct

n° boîte	1	2	3	4	5	6	7	8	témoin
gélose (ml)	18	18	18	18	18	18	18	18	**18**
Agar (µl)	1700	1750	1800	1850	1900	1920	1960	1980	**2000**
H.E (µl)	300	250	200	150	100	80	40	20	0
Concentration Finale (µl/ml)	15ul/ml	12.5ul/ml	10ul/ml	7.5ul/ml	5ul/ml	4ul/ml	2ul/ml	1ul/ml	0µl/ml

V- Etude antifongique :

1- Provenance des souches fongiques :

Les souches de moisissures utilisées dans ce travail sont des souches disponibles au niveau du laboratoire de mycologie du département de biologie université de Tlemcen.

Elles ont été isolées à partir de céréales et identifiées au niveau du même laboratoire.

- *Aspergillus flavus*

- *Aspergillus niger*

- *Penicillium spp*

- *Fusarium spp*

2- Isolement des souches fongiques :

2-a Préparation des souches :

Les moisissures proviennent d'une culture de 3jours (*Rhizopus spp*) et 5jours (*Fusarium spp, Penicillium spp, Aspergillus niger et Aspergillus flavus*) à 25°C sur boite de Pétri (90 mm de diamètre contenant la gélose PDA.

2-b Conservation des souches :

Les moisissures ont été conservées a +4°C dans la gélose PDA .

3- Méthodes d'étude du pouvoir antifongique :

3-1 Méthode de contact direct :

a-Préparation des inoculums :

L'inoculum d'*Aspergillus niger* et *Aspergillus flavus* se présente sous forme d'une suspension de spores dans de l'eau distillée à 0.1% de tween80. *(Tantaou-Dlaraki et al, 92)*. Ces spores proviennent d'une préculture de 5 jours sur une boite de Pétri contenant le PDA acidifié.

L'inoculum est ajusté à environ 10^7 spores/ml.

L'inoculum de Fusarium spp se présente sous forme d'un disque fongique de 6mm de diamètre provenant d'une culture de 5jours sur PDA acidifié (boites de Pétri, T 25°C).

b-Technique

*b-1 Effet sur suspension sporale d'*A.niger et A.*flavus, et sur disque fongique de Fusarirm spp*

L'inoculation se fait par le dépôt au centre de la boite d'un disque du mycélium d'environ

0.6 cm de diamètre (Saban- kordali,2008) pour *Fusarium spp* et de 100µl de suspension sporale contenant 10^6 spores/ml pour *A.niger* et *A.flavus* .L'agar à 0.2% est utilisé comme émulsifiant,

2ml de l'H.E diluée dans l'agar est ajoutée à 18 ml de PDA. L'obtention des concentrations désirées se fait par l'addition de 100µl, 200µl, 300µl d'H.E à 1.9 ,1.8 et 1.7 ml d'agar respectivement (pour les souches d'*Aspergillus flavus* et *A.niger*) (Tableau 3a) et par l'addition de 200, 250, 300 d'H.E à 1.8, 1.75 et 1.7 ml d'Agar.(pour *Fusarium spp*) (Tableau 3b).

Une boite de Pétri contenant 18 ml de PDA et 2 ml d'agar servira comme témoin.

Le milieu est coulé dans des boites de Pétri en verre de 9 cm de diamètre.

On incube ces souches à 25 °C pendant 5 jours en mesurant l'indice antifongique (le pourcentage d'inhibition) toutes les 24 h.

Tableau 03a: Concentration de l'H.E utilisée dans la méthode de contact direct (*A.flavus* et *A.niger*).

n°boite	1	2	3	témoin
PDA (ml)	18	18	18	18
Agar (µl)	1700	1800	1900	1200
H.E (µl)	300	200	100	0
Concentration Obtenue (µl/ml)	15	10	5	0

Tableau 03b: Concentration de l'H.E utilisée dans la méthode de contact direct (*Fusarium spp*).

n°boite	1	2	3	témoin
PDA (ml)	18	18	18	18
Agar (µl)	1700	1750	1800	1200
H.E (µl)	300	250	200	0
Concentration Obtenue (µl/ml)	15	12.5	10	0

Pour les boites ne présentant pas de croissance le disque du mycélium est transféré sur un milieu PDA neuf pour confirmer s'il s'agit d'un effet fongistatique ou fongicide.

La CMI est déterminée ainsi, elle correspond à la concentration où il y a une inhibition totale de la croissance.

b-2 Effet sur la croissance mycélienne

100µl de la suspension fongique est ensemencée dans des tubes inclinés contenant 4.5ml de PDA et 0.5 ml des différentes concentrations d'H.E diluée dans l'agar (Tantaoui-dlaraki, 1992). Apres 9 jours d'incubation à 25°C, les tubes qui montrent un développement mycélien à la fin de la période d'incubation sont collectés.

La CMI est déterminée comme étant la plus faible concentration de l'huile essentielle qui inhibe totalement la croissance fongique.

Tableau 3c : Concentration de l'H.E utilisée dans la méthode de contact direct. (Le mycélium)

N° Tube	1	2	3	témoin
PDA	4.5	4.5	4.5	4.5
Agar(µl)	425	450	475	500
H.E(µl)	75	50	25	0
Concentration finale (µl/ml)	15	10	5	0

Le nombre de repiquages, la nature du milieu de culture, la température et la durée d'incubation doivent être précisément et absolument respectés si l'on veut obtenir une bonne reproductibilité des essais.

3-2 Méthode d'Aromatogramme :

a- *Fusarium spp.*

Déposition d'un disque de champignons et au-dessus un disque imbibé d'une quantité déterminé d'H.E. (le disque fongique provient d'une culture de 7 jours à une T de 25°C).

Tableau 4a: *Fusarium oxysporum* (méthode aromatogramme).

F. oxysporum	disque fongique de 6mm de 7jours	
P. halepensis	50 µl	100µl
T. articulata	50 µl	100µl
P. halepensis + T.articulata	25µl + 25µl	50 µl + 50 µl
témoin (H2O distillée stérile)	50µl	100µl

b- *Aspergillus niger*, *Aspergillus flavus* et *Penicillium spp.*

Déposition d'une quantité connue d'H.E sur des puits d'une culture fongique de 7 jours

Tableau 4b : Dépôts d'H.E de *T.articulata* sur une culture de 7 jours d'*A. niger*, *A.flavus*, *Penicillium spp*

A.niger,A.flavus, Penicillium spp	colonie fongique de 7jours	
P. halepensis	25 µl	50 µl
T. articulata	25 µl	50 µl
P. halepensis + T.articulata	12.5µl + 12.5µl	25 µl + 25 µl
témoin (H₂O distillée stérile)	25 µl	50 µl

RESULTATS :

I – Résultats de l'étude physico-chimique

1- Le rendement

A- Evolution du rendement de l'HE suivant la période de récolte :

a- Par hydrodistillation

Tableau 05 : les rendements obtenus par hydrodistillation suivant les mois.

le mois	Novembre 2007	Avril 2008	Décembre 2008	Novembre 2008
Rendement %	0.36	0.31	0.29	0.37

On note que le maximum de rendement obtenu par l'hydrodistillation est le mois de Novembre 2008.

b- Par entrainement à la vapeur d'eau

Tableau 06 : les rendements obtenus par entrainement à la vapeur suivant les mois.

le mois	Novembre 2007	Décembre 2008	Avril 2008
Rendement %	0.36	0.32	0.33

De même, par entrainement à la vapeur d'eau, le mois de *Novembre* a donné le rendement le plus élevé comparé aux autres mois.

B- Comparaison entre les deux méthodes d'extraction

En faisant la moyenne des rendements de tous les mois ; les deux méthodes d'extraction ont donné des valeurs très voisines (*0.33 %* pour l'hydrodistillation et *0.34%* pour l'entrainement à la vapeur d'eau).

71

C- Comparaison entre hydrodistillation réalisée par l'eau aromatique et celle par l'eau distillée :

Nous avons dans ce cas réalisé une hydrodistillation utilisant l'eau distillée et une seconde utilisant de l'eau aromatique ; hydrolat (recueillie lors de la 1e hydrodistillation). On a réalisé divers essais, et les résultats sont regroupés dans le tableau 07:

Tableau 07 : Comparaison entre l'hydrodistillation effectuée par l'H_2O distillée et l'H_2O aromatique

en présence d'	H_2O distillée	H_2O aromatique
Rendement %	0.31	0.36
	0.29	0.41
	0.37	0.40
Moyenne des rendements %	0.32	0.39

On note une hausse de 0.07% dans l'obtention de l'huile essentielle par la seconde méthode, correspondant à un gain $\frac{0.07 \times 150}{100} = 0.105\ g$ par essai, on peut penser à exploiter ces 1050µg d'huile en gardant l'hydrolat qui servira à une nouvelle extraction.

L'arbre fleurit en automne (Octobre-Novembre) et fructifie l'année suivante (Juin - Juillet), *(Ayache 2003)*. Ceci explique que le rendement le plus élevé était enregistré pendant le mois de Novembre qui correspond à la période de floraison.

2 - Etude physico-chimique de l'HE

Les H.E doivent répondre à des normes analytiques très rigoureuses établies par des commissions nationales et internationales d'experts.

Nous avons procédé à la détermination de la densité (N FT 75-111), de l'indice de réfraction (NF T 60-220) et de la miscibilité à l'éthanol (NFT 75-101). Nous avons étudié aussi les indices d'acide (NFT 75-103), d'ester (NFT 60-220) connus comme figurant parmi les critères de qualité les plus importants pour une huile essentielle. Les résultats sont regroupés au tableau 10.

A- Caractères organoleptiques de l'HE

Tableau 08 : caractéristiques organoleptiques du *Tetraclinis articulata*

aspect	liquide
couleur	jaune
odeur	balsamique forte

Les caractéristiques organoleptiques de l'H.E du thuya de Berbérie de Ghazaouet, sont les mêmes que celles de Khémisset (Maroc) et de la Tunisie *(Bourkhiss et al 2007a, Tékaya-Karaoui et al 2007)*.

Le tableau 09 présente les caractéristiques organoleptiques de 3 espèces proches du *Tetraclinis articulata* ; le *junipurus virginiana*, le *junipurus mexicans* et le *cupressus funebris* (selon AFNOR).

Tableau 09 : caractéristiques organoleptiques de 3 espèces de la famille des Cupressacées

Espèces / Caractères	ASPECT	COULEUR	ODEUR
Junipurus virginiana NF T75-219	liquide assez visqueux	presque incolore à jaune pale	boisée, douce, agréable et balsamique
Junipurus mexicans NF T75-220	liquide visqueux	brun à brun rougeâtre	caractéristique
Cupressus funebris NF T 75-235	liquide limpide mobile	presque incolore à jaune pale	caractéristique balsamique boisée et acre

B- Indices physico-chimiques de l'HE

Comme les H.E sont des éléments sensibles à l'oxydation et donc très facilement dégradables, il est important de connaître les valeurs de ces indices qui sont des paramètres normés et par conséquent peuvent nous renseigner sur la qualité d'une huile. *(Lazouni, 2006).*

Tableau 10 : Indices physico-chimiques de l'H.E de *Tetraclinis articulata*

Caractéristiques physico-chimiques	H.E de T. articulata
Densité	0.86
Pouvoir rotatoire	-25
Indice de réfraction	1.46
Indice d'acide	8.97
Indice d'ester	9.5
Miscibilité à l'éthanol	soluble dans 8V

D'après les résultats ainsi obtenus nous pouvons constater que l'H.E de *T.articulata* a des indices physico-chimiques propres à elles. Le tableau (11) montre les rapprochements et les différences dans les valeurs physico-chimiques d'espèces apparentes du thuya, établies par la norme AFNOR

Tableau 11 : Indices physico-chimiques de l'H.E de 3 espèces des Cupressacées

Espèces	densité relative	indice de réfraction	pouvoir rotatoire	miscibilité à l'éthanol
Junipurus virginiana NF T75-219	0.941-0.970	1.503-1.508	-38°C / 14°C	5V
Junipurus mexicans NF T75-220	0.952-0.966	1.505-1.508	-50°C / -32°C	5V
Cupressus funebris NF T 75-235	0.938-0.955	1.5-1.508	-35°C / -20°C	5V

3 - Détection des métabolites secondaires

Dans cette partie de travail, nous visons la caractérisation des composés chimiques. De ce fait, on y détecte ces familles de composés via des réactions de précipitations ou de coloration par des réactifs spécifiques. Ces réactions se traduisent par l'apparition d'une turbidité, floculation ou un changement de couleur qui nous renseigne sur la nature de ces familles.

Les résultats de l'examen phytochimique réalisé sur les feuilles de *Tetraclinis articulata* sont représentés dans le Tableau 12.

Tableau 12 : Détermination des familles de composés chimiques du thuya de Berbérie.

Familles de composés/ Epuisement à	éthanol	eau chaude	éther diéthylique	éther de pétrole
Alcaloïdes			−	
Emodols			−	
Stérols et Stéroïdes			+	
Sucres réducteurs			−	
Tanins		+ tanins catéchiques		
Saponosides		−		
Amidon		−		
Hétérosides triterpéniques			vert violet +	
Anthracénosides			vert marron violet +	
Anthocyanosides			+	
Polyuronides				−
Stérols et triterpènes				violetmarron +
Quinones				jaunetransparent ±
Flavonoïdes	rouge fraise +			
Coumarines	±			

Au vu des résultats consignés dans ce tableau, on remarque l'absence totale des alcaloïdes, des émodols, des sucres réducteurs, des saponosides, de l'amidon et des polyuronides. En revanche, on note une présence d'hétérosides triterpéniques, des anthracénosides, des anthocyanosides, des quinones, des flavonoïdes, des coumarines et une présence très marquée des stérols, stéroïdes et des tanins.

Le deuxième tableau (tableau 13) regroupe les résultats concernant l'étude des métabolites secondaires de Casuarina, une espèce parente de *T. articulata*.

Tableau 13 : Détermination des familles de composés chimiques de Casuarina.

Familles de composés/ Epuisement à	éthanol	eau chaude	éther diéthylique	éther de pétrole
Amidon		–		
Polyuronides				–
Stérols et triterpènes				+
Quinones				–
Flavonoïdes	rougeorangé +			
Coumarines	+			
Alcaloides Réactif de Mayer	–			
Alcaloides Réactif de Wagner	+			
Anthracénosides	teinte orangé +			
Hétérosides	vert violet -			
Saponosides	1 cm +			
Tanins	vert foncé + +			
Sucres réducteurs			–	

2- L'analyse par Chromatographie en phase gazeuse couplée à la spectrométrie de masse

L'analyse par Chromatographie en phase gazeuse couplée à la spectrométrie de masse a donné les résultats consignés dans le tableau 14.

Tableau 14 : Analyse de l'H.E du *Tetraclinis articulata* par CPG-SM.

(NI : composés non identifiés)

Composés	Temps de rétention	Pourcentage
myrcene	10.31	0.11
limonene	11.9	0.6
campholenal	16.05	0.25
camphre	16.97	2.1
terpinen-4-ol	18.4	0.2
a-terpineol	19.03	0.41
borneol	19.42	2.1
bornyl acetate	22.93	52.1
undecanone	23.3	0.31
NI	25.63	6
isoledene	28.05	0.6
caryophyllene	28.77	7.51
humulene	30.25	2.25
g-muurolene	31.12	0.25
germacrene D	31.35	5.6
a-muuolene	32.1	0.25
g-cadinene	32.77	1.41
d-cadinene	32.92	1.81
bourbonelol	34.38	0.1
NI	34.63	0.15
caryophyllene oxyde	34.47	5.01
NI	36.35	0.6

cedrol	36.53	4.51
NI	36.85	0.55
cubenol	37.34	3.01
caryophylladienol	37.71	0.51
T-cadinol	37.92	1.81
cadinol	37.97	0.81
cubelol	38.1	0.31
a-cadinol	38.43	1.51
NI	38.57	0.51
NI	39.06	0.55
NI	39.59	0.65

Trente trois composés ont été identifiés et représentent environ 99% de la composition chimique totale. Les composés majoritaires obtenus sont : le bornyl acétate (52.1%), le caryophyllène (7.51%), le germacrène D (5.6%), le caryophyllène oxyde (5.01%). On note que l'acétate de bornyl occupe à lui seul la moitié du poids sec de l'huile. (fig. 15)

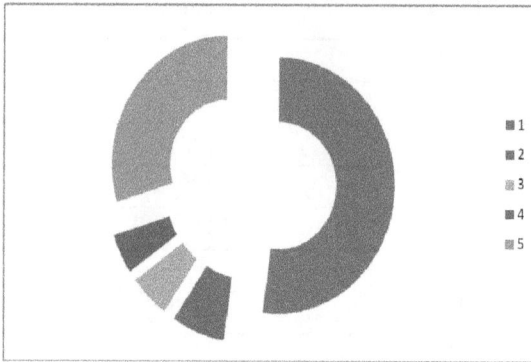

Fig15. Répartition des composés majoritaires de L'HE de *Tetraclinis articulata*

Légende   1 bornyl acetate (52.1%)   2 caryophyllene (7.51%)
            3 germacrene D (5.6%)   4 oxyde de caryophyllene (5.01)
            5 le reste des composés (29.78%)

Les monterpènes oxygénés, la classe majoritaire de cette H.E représentant 57.47% (tableau 15). L'huile essentielle de *T.articulata* contient 31.15% de sesquiterpènes (19.08% d'hydrocarbures et 16.07% de composés oxygénés) mais les monoterpènes en sont largement dominants avec un pourcentage de 58.18%.

Tableau 15 : les différentes classes de composés identifiées dans l'H.E du thuya de Berbérie de Ghazaouet.

classes de composés	nombre de composés identifiés	pourcentage
Hydrocarbures monoterpéniques	2	0.71%
Monoterpènes oxygénés	7	57.47%
Hydrocarbures sesquiterpéniques	7	19.08%
Sesquiterpènes oxygénés	8	16.07%
Divers	9	5%

II - Résultats de l'activité antimicrobienne

1- Identification des bactéries

L'identification des souches a été faite selon Niji 1983, les résultats sont résumés dans les tableaux ci-dessous.

Tableau 16a: Résultats de l'identification de *E.coli*.

Oxydase	TSI	β-Galactosidase	Uréase	Acide Aminé/ADH	Acide Aminé/ODC	Acide Aminé/LDC	Acétoine	Citrate perméasel	Test mannitol	Nitrateréductase	Milieu Hugh et Leifson	Milieu shubert
'	+	+	+	+	+	+	'	+	+	+	+	+

Tableau 16b : Résultats de l'identification de *P.aeruginosa*

Ooxydase	TSI	Uréase	ADH	ODC	LDC	Milieu eugelfson	Gelatinase
+	+	+	+	'	'	+	+

Tableau 16c : Résultats de l'identification de *S.aureus*

Catalase	Glucose	Fructose	Maltose	Lactose	Saccharose	Mannitol	Xxylose	Urease	ADH	Acetoine	Nitrate réductase	Coagulase libre
+	+	+	+	+	'	'	+	+	+	'	+	+

Tableau 16d : Résultats de l'identification de *B.creus*.

Glucose	Uréase	LDC	Citrate perméase	Test mannit	Nitrate réductase	Gélatinase
+	+	+	'	+	'	+

2- Activité antibactérienne

A- la méthode d'Aromatogramme :

Les résultats de la technique d'aromatogramme sur cinq souches bactériennes sont regroupés dans le tableau 17. Le volume d'H.E appliqué est de 10µl.

Tableau 17 : Résultats de la technique d'Aromatogramme.

Tetraclinis articulata 10 µl	diamètre d'inhibition (mm)	Degré de sensibilité (De Billerbeck)
Escherichia coli 1	d = 1	résistante
Escherichia coli 2	d = 19	sensible
Pseudomonas aeruginosa	d = 1	résistante
Staphylococcus aureus	d = 22	sensible
Bacillus cereus	d = 60,5	sensible

Les souches Escherichia coli ATCC 25922, *Staphylococcus aureus* ATCC 25923 et *Bacillus cereus* (souche hospitalière) ne manifestent aucune résistance vis-à vis de l'huile essentielle testée au volume de 10 µl, elles sont plutôt sensibles (D> 13 mm).

En revanche, les souches de *Pseudomonas aeruginosa* ATCC 27853 et d'Escherichia coli ATCC 25921 sont bien résistantes (fig. 16).

En adoptant la classification de De Billerbeck (2007), on peut classer les souches d'après leur ordre de sensibilité croissante, comme suit :

Escherichia coli 2< *Staphylococcus aureus* < *Bacillus cereus*

81

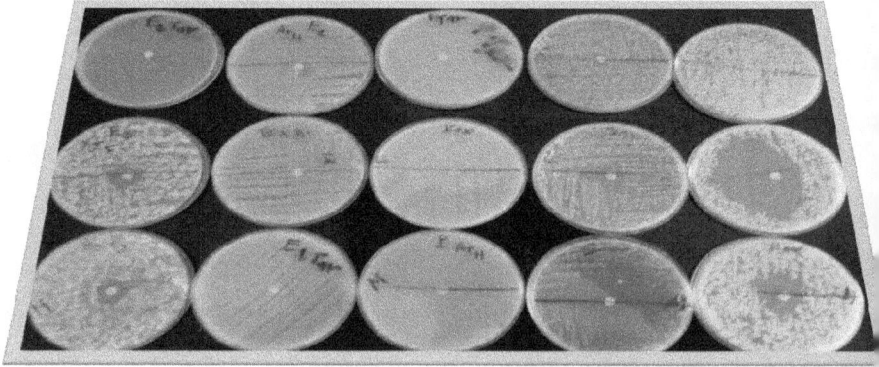

Fig. 16 Résultats de la technique d'Aromatogramme (application *T .aticulata* sur les bactéries) l'H.E de *T.articulata* (les boites de Pétri du milieu), et de l'H.E du *Pinus halepensis* (celles d'en bas) (Abi-Ayad, 2009). Les boites témoins, sont des cultures bactériennes de 24h.
Les boites tests et témoins, sont dans l'ordre suivant de gauche à droite (*E.coli 2, E.coli 1, P.aeruginosa, S.aureus, B.cerus*).

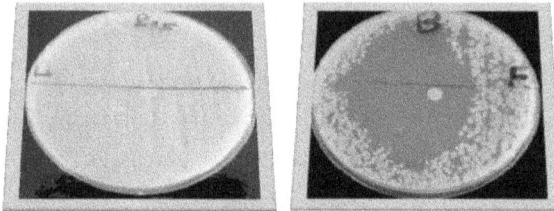

Fig. 17 Deux souches ayant répondu différemment à l'H.E (Aromatogramme).

P.aeruginosa (à gauche) souche non sensible au traitement de l'H.E de *T.articulata* et *B.cerus* (à droite) souche la plus sensible au traitement de *T.articulata* par la technique d'Aromatogramme)

B- Méthode de microatmosphère

Il est à rappeler que l'H.E de *T.articulata* est déposée sous des volume de 10, 50 et 100 µl d'H.E sur des disques de papier Whatman stérile, de 9 cm de diamètre. Les résultats obtenus figurent dans les tableaux 18a, 18b, 19.

a- Microatmosphère (V 10µl)

Tableau 18a : Résultats de la technique de Microatmosphère (V 10µl).

Tetraclinis articulata 10 µl	diamètre d'inhibition (mm)	Degré de sensibilité (De Billerbeck)
E.coli 1	d = 1	résistante
E. coli 2	d = 5	résistante
P.aeruginosa	d = 1	résistante
S. aureus	d = 4	résistante
B. cereus	d = 5	résistante

Pour le volume de 10 µl, il n'a pas presque aucun effet à l'état de vapeur, au fait toutes les souches bactériennes lui ont manifesté leur résistance.

b- Microatmosphère (V 50µl)

Les résultats du volume 50µl sont regroupés dans les deux tableaux ci-contre :

Tableau 18b : Résultats de la technique de Microatmosphère (V 50µl).

Tetraclinis articulata 50 µl	diamètre d'inhibition (mm)	Evaluation du degré de sensibilité
E. coli 1	d = 1	résistante
E. coli 2	d = 67.5	sensible
P. aeruginosa	d= 1	résistante
S. aureus	d = 27.5	sensible
B. cereus	d = 56	sensible

Selon l'ordre de leur sensibilité croissante :

Staphylococcus aureus < *Bacillus cereus* < *Escherichia coli 2*

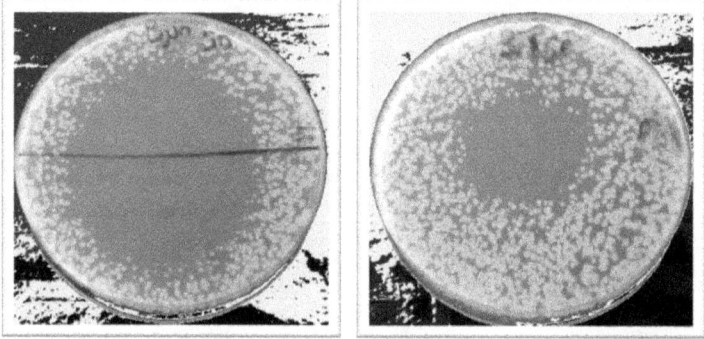

Fig. 18. *B.cereus et S.aureus*, technique de Microatmosphère (V 50µl de *T.articulata*)

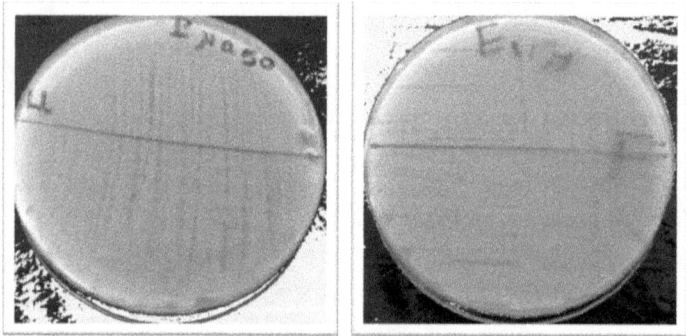

Fig.19. *P.aeruginosa et E.coli 1*, technique de Microatmosphère (V 50µl de *T.articulata*)

Le volume de 100 µl appliqué sur les souches microbiennes fournit les résultats regroupés dans le tableau 19.

Tableau 19 : résultats de la technique de Microatmosphère (V 100µl).

Tetraclinis articulata 100 µl	diamètre d'inhibition (mm)	Evaluation du degré de sensibilité
E. coli 1	d = 1	résistante
E. coli 2	d = 74	sensible
P. aeruginosa	d =1	résistante
S. aureus	d = 67.5	sensible
B. cereus	d = 65	sensible

Selon l'ordre de leur sensibilité croissante :

Bacillus cereus ≤ Staphylococcus aureus < Escherichia coli 2

Remarque : il n'y a pas de grande différence entre 6.5 cm et 6.75cm, donc on ne peut pas dire que l'ordre s'est inversé entre l'effet des 50 et de 100 µl.

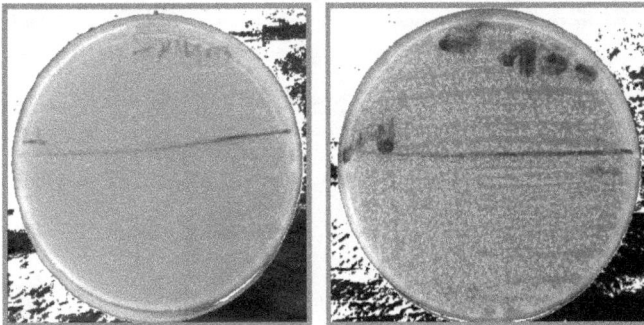

Fig. 20 Technique de microatmosphère (V 100 µl) appliquée sur S.aureus (test et témoin)

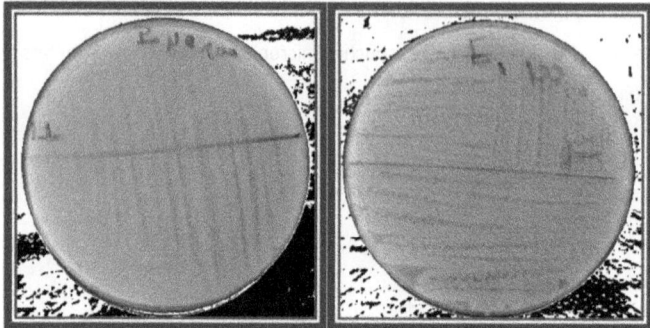

Fig. 21 Technique de microatmosphère (V 100 µl) appliquée sur *P.aeruginosa* et *E.coli 1*

(Aucune zone d'inhibition n'est observée)

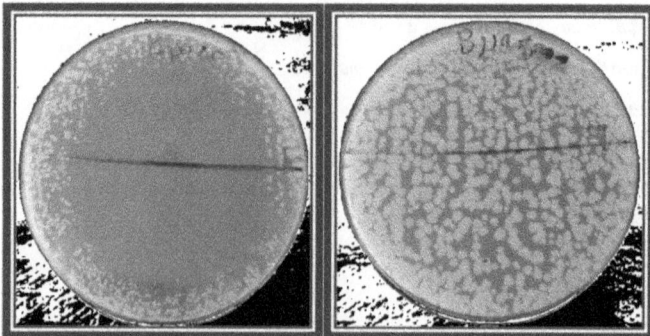

Fig. 22 Technique de microatmosphère (V 100 µl) appliquée sur *B. cereus* (test et témoin)

Considérant les tableaux 18 et 19, on observe de larges écarts dans les diamètres des zones d'inhibition obtenus, allant de 1mm jusqu'à 74mm. Mais ce qui est à remarquer, c'est l'ordre de classement de la sensibilité des souches d'après leur diamètre d'inhibition croissant,

Dans la technique des aromatogrammes, nous avons obtenu

Escherichia coli 2 < *Staphylococcus aureus* < *Bacillus cereus*

Cette ordre est inversé quand on utilise la technique des microatmosphères ;

Staphylococcus aureus < *Bacillus cereus* < *Escherichia coli 2*

Une explication peut être avancée pour expliquer ce changement de l'ordre de la sensibilité des souches ; c'est la différence d'action des molécules constituant les huiles essentielles selon leur état.

Elles peuvent agir à l'état de vapeur ou en contact direct avec le germe par diffusion, et selon l'un des deux modes, les souches peuvent répondre différemment à l'huile essentielle.

On remarque également que le volume de 10µl qui a donné de bons résultats sur les souches (*E. coli* 2, *S. aureus, B. cereus*) fut sans aucun effet en technique de microatmosphère ; on peut suggérer donc que *l'effet des huiles volatiles à ce volume est trop faible pour permettre une inhibition des germes.*

Pour les souches de *P. aeruginosa* et d'*E.coli* 1, elles étaient bien *résistantes* à toute technique et à tout volume (même en l'élevant jusqu'au 100µl).

Cela est du à la nature de P. aeruginosa qui a la réputation d'être très résistante à toutes sortes d'agents antimicrobiens en général. Probablement à cause de la capacité qu'a cette bactérie de former des biofilms. *Un biofilm est une organisation complexe, composée de différentes strates dans lesquelles les bactéries se trouvent dans des états physiologiques spécifiques à leur situation.*

Ainsi toute la population bactérienne n'est pas exposée simultanément et identiquement au même produit. *Il est établi que le traitement de telles bactéries nécessite des concentrations considérables d'agents antimicrobiens. (Fleurette, Freney el al 1995).*

Concernant les H.E, *la sensibilité des Pseudomonas envers eux est aussi très faible (Carson et Riley 1995, Hammer, Carson et al 1999).*

Ce comportement n'est pas surprenant car les souches de *Pseudomonas aeruginosa* possèdent une résistance intrinsèque à une large gamme de biocides, associée à la nature de sa membrane externe. Cette barrière « hydrophilic permeability barrier » protège des agents toxiques. Composée de lipopolysaccharides, elle peut être franchie facilement en présence de certains composés polycationiques qui augmenteraient la perméabilité des bactéries Gram + *(Mann, Cox et al 2000).*

87

d- Le coefficient d'activité

Pour comparer les diamètres d'inhibition, nous avons introduit un nouveau paramètre qui est le coefficient d'Activité (A) :

$$A = \frac{a}{q} \quad \text{Avec :} \quad a = \pi \frac{d^2}{4} \quad \text{(Pibiri 2006)}$$

Où :

a est la surface d'inhibition bactéricide,
q est la quantité de produits actifs (en µl pour les H.E),
d est le diamètre d'inhibition , diamètre du disque imbibé inclus

d_1- Microatmosphère

Tableau 20 : Coefficient d'activité de la technique de Microatmosphère (50µl).

Tetraclinis articulata 50 µl	diamètre d'inhibition (mm)	Surface (cm^2)	Coefficient d'Activité (A)
E. coli 1	d = 1	-	A = 0
E. coli 2	d = 67.5	a = 35.77	A = 0.71
P. aeruginosa	d= 1	-	A = 0
S. aureus	d = 27.5	a = 5.94	A = 0.12
B. cereus	d = 56	a = 24.62	A = 0.49

Tableau 21 : Coefficient d'activité de la technique de Microatmosphère (100µl).

Tetraclinis articulata 100 µl	diamètre d'inhibition (mm)	Surface (cm^2)	Coefficient d'Activité (A)
E. coli 1	d = 1	-	A = 0
E. coli 2	d = 74	a = 42.99	A = 0.43
P. aeruginosa	d = 1	-	A = 0
S. aureus	d = 67.5	a = 35.77	A = 0.36
B. cereus	d = 65	a = 33.17	A = 0.33

d_2- Aromatogramme

Tableau 22 : Coefficient d'activité de la technique d'Aromatogramme (10µl).

Tetraclinis articulata 10 µl	Surface (cm^2)	Coefficient d'Activité (A)
E. coli 1	-	A = 0
E. coli 2	a = 2.83	A = 0.28
P. aeruginosa	-	A = 0
S. aureus	a = 3.8	A = 0.38
B. cereus	a = 28.73	A = 2.87

Pour la technique d'Aromatogramme on note un bon écart dans les coefficients d'Activité allant de 0.28 jusqu'à 2.87. Les souches d'*E.coli* 1 et *P. aeruginosa* ont un coefficient nul, conséquence de ce que ces souches sont résistantes.

Quant à la surface a, tout à fait comme le diamètre d'inhibition, elle renseigne sur le degré d'activité de l'huile vis-à-vis du germe en question, et même qu'elle donne une image plus claire sur l'activité.

Sachant que la surface de la boite est de 63.6 cm^2, une surface d'inhibition de 2.83 cm^2 apparaît bien faible à une surface de 28.73 cm^2, exemple qui montre que, la surface a est un bon paramètre évaluant l'activité antibactérienne de l'huile.

50µl d'huile appliquée en Microatmosphère a donné une belle inhibition de 35.77 cm^2 pour la souche *E. coli* 2 représentant la moitié de la surface inhibée. En faisant appliquer le double de ce volume (100µl), la surface inhibée d'*E.coli* 2 a atteint les 42.99 cm^2 correspondant à une hausse de 7.22 cm^2. Cette dernière était de 30 cm^2 (29.83) pour *S. aureus* et de 8.55 cm^2 pour *B. cereus*.

Le résultat de l'HE est intéressant chez *S. aureus* qui, en doublant le volume (en technique de microatmosphère) a augmenté son effet de 30cm^2.

C- La méthode de contact direct :

Nous rapportons dans le tableau 23, les concentrations minimales inhibitrices de l'huile essentielle de *Tetraclinis articulata* obtenues par la méthode de contact direct en milieu gélose´.

Tableau 23 : Technique de contact direct.

	15ul/ml	12.5ul/ml	10ul/ml	7.5ul/ml	5ul/ml	4ul/ml	2ul/ml	1ul/ml	témoin
E1 strie	±	±	+	+	+	+	+	+	++
spot	+	+	+	+	+	+	+	+	++
S strie	−	−	−	−	±	±	+	+	++
spot	−	−	−	−	±	±	+	+	
P1 strie	−	±	±	+	+	+	+	+	++
spot	−	−	−	±	+	+	+	+	
E2 strie	−	−	−	±	±	+	+	+	++
spot	−	−	−	±	±	+	+	+	++
P2 strie	−	±	±	+	+	+	+	+	++
spot	±	±	±	+	+	+	+	+	++

La CMI enregistré par l'huile sur *Staphylococcus aureus* ATCC 25923, *Escherichia coli* ATCC25922 et *Pseudomonas aeruginosa* sont respectivement de7.5 µl/ml, 10µl/ml et de 15µl/ml. (Pour *Escherichia coli* ATCC 25921 et *Pseudomonas aeruginosa* ATCC 27853, il faut encore élever la concentration pour pouvoir atteindre leur CMI).

2 - Activité antifongique

A- La technique de contact direct

a- *Aspergillus flavus* (déposition d'une suspension sporale)

La méthode consiste à déposer sur PDA solidifié, 100µl d'une suspension sporale d'une culture D'*A. flavus* de 5 jours dans un volume de 10ml d'une solution de Tween 80 préparée (100ml de Tween 80 +2g d'Agar, stériliser).

Tableau 24 : Méthode de contact direct (d'*Aspergillus flavus*).

A. flavus	Témoin	5 µl/ml	10 µl/ml	15 µl/ml
3e jour	d = 2.5-3	d = 1.8 I a= 34.55 %	d = 1.8 I a= 45.45 %	d = 0.1 I a = 99 %
4e jour	d = 3.4-3.9	d = 2 I a = 45.21 %	d = 2-1.9 I a = 46.58 %	d = 1.7 - 1.4 I a = 56.46 %
5e jour	d = 4	d = 2.1 I a = 47.5 %	d = 1.9 – 2 I a = 51.25 %	d = 1.5 I a= 62.5 %
6e jour	d = 4.5	d = 2.5 I a = 44.44 %	d = 2 – 2.3 I a = 52.22 %	d = 1.5 – 1.7 I a = 64.44 %

Nous remarquons qu'il ya une proportionnalité en fonction du volume de l'H.E déposée. Remarquons aussi que le pourcentage d'inhibition est proportionnel à ces 4 jours, et qu'il est plus important le 6ieme jour pour le volume de 5µl /ml et 10µl /ml.

A l'inverse de la concentration de 15µl /ml qui donne son effet inhibiteur de 99% le 3e jour mais la croissance mycélienne reprend le lendemain, l'effet de cette huile est donc *fongistatique*.

Pour déterminer l'indice antifongique, on l'a calculé d'après cette équation citée par divers auteurs :

$$Indice\ antifongique\ =\ (Db - Da)/\ Db\ .100 \quad \text{(De Billerbeck 2001)}$$

Da : le diamètre de la zone de croissance de l'essai,

Db : le diamètre de la zone de croissance du témoin.

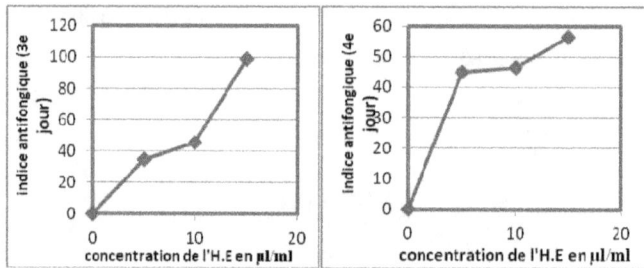

Fig.23.Indice antifongique du 3ᵉ et 4ᵉ jour en fonction de la concentration croissante de l'HE

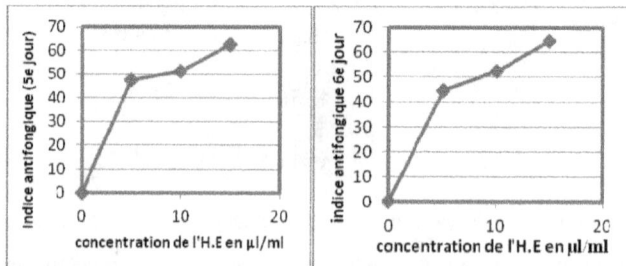

Fig.24.Indice antifongique du 5ᵉ et 6ᵉ jour en fonction de la concentration croissante de l'HE

Les graphes représentant l'évolution des indices antifongiques au cours du temps (jours) expliquent bien la proportionnalité entre les deux grandeurs ; ce qui peut se noter comme un résultat remarquable car on s'attendait à ce que l'huile perdrait son effet avec le temps, et c'est le phénomène contraire qui se produit. Elle a augmenté moyennement son effet avec le temps, ou plus correctement on dit qu'elle a gardé son effet avec le temps.

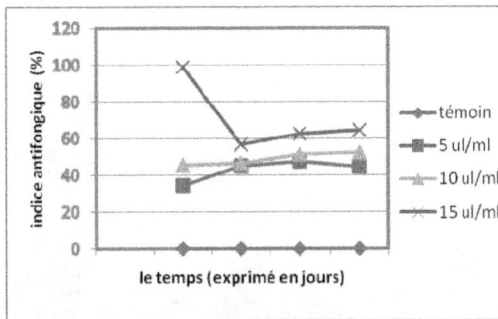

Fig.25 Evolution de l'Indice antifongique d'*Aspergillus flavus* en fonction du temps (jours).

Le graphe ci-dessus vient appuyer ce qu'on vient de dire, on observe bien qu'au cours des jours (l'axe des abscisses), l'indice antifongique (axe des ordonnées) est bien croissant pour une même concentration. (A ne pas considérer seulement l'indice de 99%).

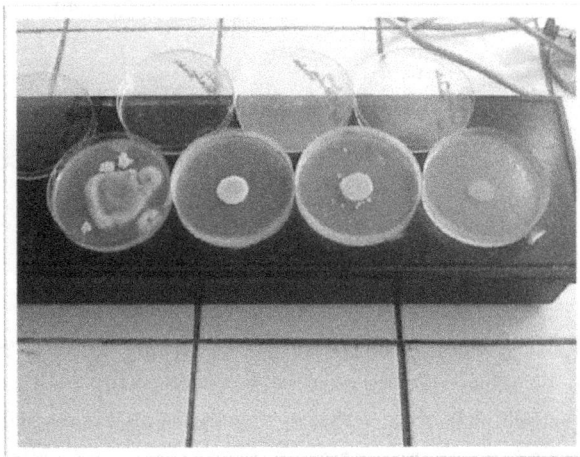

Fig. 26. *Aspergillus flavus* en présence de l'H.E *Tetraclinis articulata* (4e jour d'observation).

Les quatre boites sont dans l'ordre suivant, de gauche à droite, le témoin, la concentration de 5, 10 et 15 μl/ml respectivement.

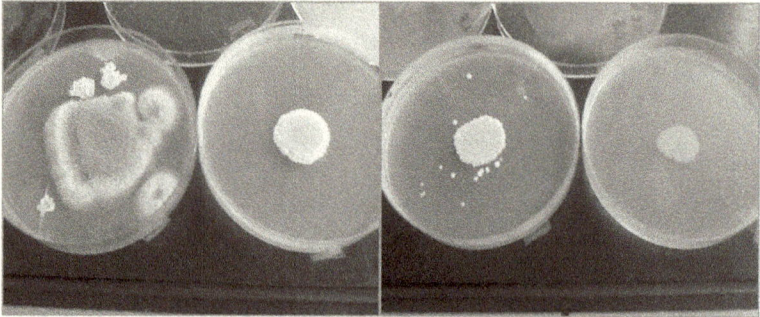

Fig.27. *A.flavus*, Agrandissement de la fig. 26.
Les boites de gauche à droite, contiennent : témoin, H.E 5 µl/ml, 10 µl/ml 15 µl/ml.

-Résultats des observations macroscopiques des colonies poussant sur boite de Pétri.

Tableau 25 : Résultats des observations macroscopiques des colonies poussant sur boite de Pétri.

A. flavus	Témoin	5 µl/ml	10 µl/ml	15 µl/ml
3e jour	aspect velouté	aspect non velouté densité a diminué/témoin	petite colonie très peu dense non apparente sur le couvercle	pas de croissance
4e jour	aspect velouté vert	petit cercle blanc, beige au centre	colonie blanche aplatie (non bombée)	petite tâche beige
5e jour	colonie verte	colonie blanche beige bombé	colonie blanche moins bombée	colonie blanche tache beige aplatie
6e jour	colonie verdâtre	colonie blanche bombée, un peu beige	colonie blanche moins bombée	colonie blanche aplatie

L'observation macroscopique des colonies poussant sur boite de Pétri contenant le PDA additionné d'huile, montre un aspect différent des témoins qui développent des colonies verdâtres, alors que celui des échantillons avec les différents volumes d'H.E suit une progression dans les couleurs, allant du beige vers le blanc mais n'atteignant pas la couleur verte propre aux spores d'*Aspergillus flavus*. Ce ci explique que l'huile de T. articulata a arrêté le développement de cette moisissure et l'a empêché de produire des spores ; qui peut se noter comme un second bon résultat.

b- *Aspergillus niger* (déposition d'une suspension sporale)

Dans ce cas aussi, on a réalisé des tests antifongiques (par technique de contact direct) envers une autre espèce du genre Aspergillus, qui est l'*A. niger* (tableau 26).

Tableau 26 : Méthode de contact direct (*Aspergillus niger*).

A. iger	témoin	5 μl / ml	10 μl / ml	15 μl / ml
3ᵉ jour	d = 2.2 -2.8	d = 2 – 2.5 I a = 10 %	d = 2 – 1.9 I a = 22 %	d = 1.4 I a = 44 %
4ᵉ jour	d = 3.5	d = 3.3 – 3 I a = 10 %	d = 2.3 – 2 I a = 38.57 %	d = 1.7 – 1.6 I a = 52.86 %
5ᵉ jour	d = 4 – 4.2	d = 3.2 – 3.5 I a = 18.29 %	d = 2.6 – 2.3 I a = 40.24 %	d = 2 – 1.5 I a = 57.32 %
6ᵉ jour	d = 4.6 - 4	d = 3.6 - 4 I a = 11.63 %	d = 2.7 – 2.5 I a = 39.53 %	d = 1.5 – 1.8 I a = 61.63 %

Nous remarquons qu'il ya une proportionnalité en fonction du volume de l'H.E déposée. Aussi, le pourcentage d'inhibition est proportionnel à l'évolution de ces 4 jours, et qu'il est plus important le 6ieme jour pour les deux volumes de 10 et de 100μl/ml. Ce qui n'était pas le cas de la 1ᵉ concentration qui a fort bien baissée le dernier jour (peut être que l'huile à cette concentration a perdu de l'emblée de son effet)et, si on avait continué l'observation on aurait pu appuyer cette cause ou suggérer une autre.

On s'est passé de la représentation de l'évolution des indices antifongiques suivant chaque jour, le tableau montre bien qu'il y a une proportionnalité entre l'indice antifongique et le jour. Nous avons représenté uniquement l'évolution des indices antifongiques au cours du temps et suivant la concentration de l'H.E.

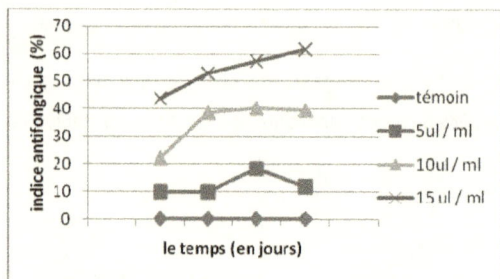

L'indice antifongique (axe des ordonnées) est bien croissant pour une même concentration.(fig.28) (Seule l'indice du dernier jour de la concentration de 5μl / ml échappe à l'uniformité de la représentation graphique).

Disons que l'huile de T. articulata a gardé son effet avec le temps envers cette souche fongique.

On note aussi que l'effet antifongique n'a pas varié avec *A. niger*, seul l'effet de l'huile fut plus faible envers *A. niger* par rapport à celui enregistré pour *A.flavus*.

A. Niger < A. flavus (suivant le degré de sensibilité envers cette H.E)

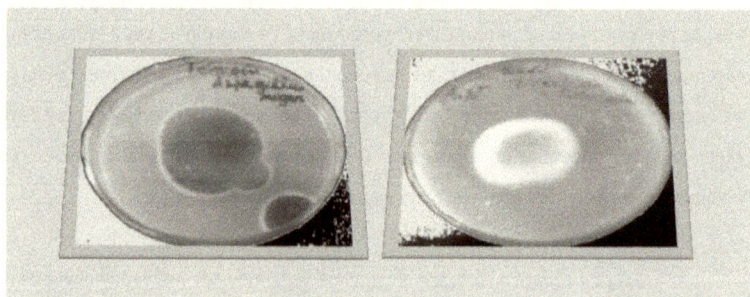

Fig. 29. *Aspergillus niger* (H.E de *T.articulata*, méthode de contact direct).

A gauche la boite témoin, et à droite la boite avec la concentration de 5μl/ml, on voit bien la formation des spores noires sur toute la colonie du témoin, et leur début d'apparition dans la 2e boite, on précise que c'est le 5e jour d'observation (des cultures de 120h).

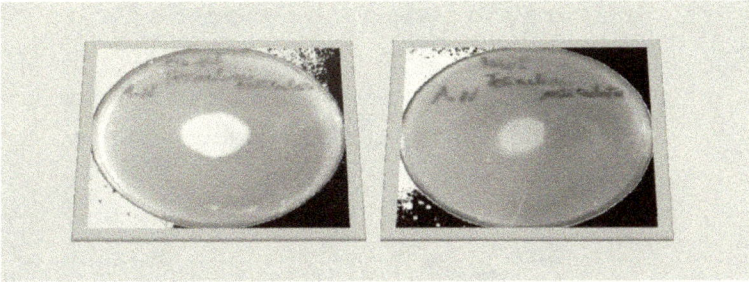

Fig. 29. *Aspergillus niger* (H.E de *T.articulata*, méthode de contact direct)
A gauche la boite contenant la concentration de 10µl/ml, celle de droite 15µl/ml, ici les colonies sont encore blanches, et le diamètre de la 2ᵉ boite est plus petit que la 1ᵉ (On est au 5ᵉ jour d'observation).

Résultats : évolution des caractères macroscopiques des colonies au cours des jours

- Tableau 27 : Résultats des observations macroscopiques des colonies.

A. iger	témoin	5 µl / ml	10 µl / ml	15 µl / ml
3ᵉ jour	aspect jaune-noirâtre	aspect blanc pas trop velouté	aspect très très peu velouté	tâche beige non apparente
4ᵉ jour	colonie noire	aspect blanc velouté	aspect blanc plissé	tâche blanche peu transparente
5ᵉ jour	colonie noire	colonie blanche velouté apparition de spores, d = 1.8 cm	colonie blanche plissée	colonie blanche
6ᵉ jour	colonie noire	d de spores = 2.25 cm		colonie blanche

L'observation macroscopique des colonies montre un aspect différent des témoins qui développent des colonies noires, alors que celui des échantillons avec les différents volumes d'H.E, suit une progression dans les couleurs allant du beige vers le blanc velouté et développant des diamètres de couleur noire (les spores), mais l'apparition sporale s'est manifestée uniquement pour la concentration 5µl / ml. Pour les 2 autres concentrations, on ne peut pas dire si leurs colonies développeront ou non des spores, il faut encore pousser l'observation pour les jours qui vont suivre le 6ᵉ jour.

97

c-Effet sur mycélium d'*Aspergillus flavus* et *Aspergillus niger*.

Même protocole que dans 1, sauf que le dépôt des 100µl de la suspension fongique fut réalisé dans des tubes inclinés contenant 5ml de PDA.

Tableau 28 Effet sur mycélium d'*Aspergillus flavus* et *Aspergillus niger*

3e jour	témoin	5 µl / ml	10 µl / ml	15µl / ml
A .flavus	apparition de traits blancs	pas d'apparition de traits	absence de croissance	absence de croissance
A.niger	croissance mycélienne blanche	absence de croissance	absence de croissance	absence de croissance

Les résultats mentionnés ont été observés le 3 e jour après le début de la mise du test à l'étuve à 25°C.

On note que les trois concentrations étaient efficaces sur les deux souches fongiques et ont induit une inhibition totale du mycélium.

d-Fusarium spp (déposition d'un disque fongique)

On note qu'il y a une relation de proportionnalité entre l'évolution de l'indice antifongique et la concentration croissante de l'huile. La concentration de 15 µl/ml a donné un bon effet inhibiteur sur *Fusarium spp*, elle a empêché son développement.

Tableau 29 : *Fusarium spp* (méthode technique direct- déposition d'un disque fongique)

3ᵉ jour	témoin	10 µl / ml	12.5 µl / ml	15 µl / ml
Fusarium spp	d = 3 – 4 colonie rose velouté	d = 1.5 cm colonie blanche	d = 1 cm colonie blanche	d = 0.6 cm disque tel fut déposé

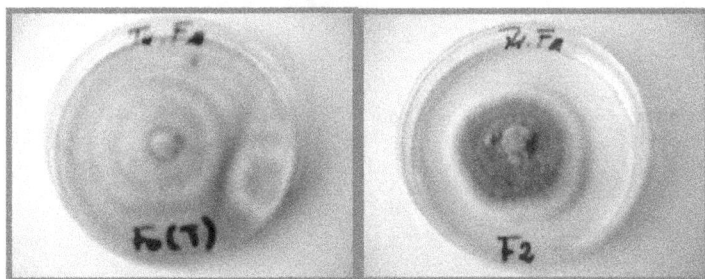

Fig.30a. *Fusarium spp* (contact direct) (8ᵉ jour d'observation) : témoin et 10µl/ml d'H.E *T.articulata*.

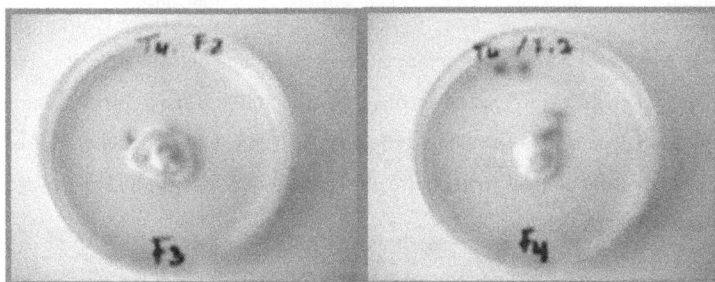

Fig.30b. *Fusarium spp* (contact direct) (8e jour d'observation) : 15µl/ml et 20µl/ml d'H.E *T.articulata*.

B- la technique d'Aromatogramme

a-Fusarium spp

Déposition d'un disque de champignons et au-dessus un disque imbibé d'une quantité déterminé d'H.E. (le disque fongique provient d'une culture de 7 jours à une T de 25°C).

Tableau 30: *Fusarium spp* (méthode aromatogramme).

Fusarium spp	50 µl	100 µl
P. halepensis	d = 1.25 cm	d = 1.1 cm blanche veloutée
T. articulata	d = 1.25 cm	d = 0.6 cm tel fut déposé
P. halepensis **+ T.articulata**	d= 0.6 cm tel fut déposé	d= 1.2 cm blanche veloutée
témoin	d = 2.5 cm colonie rose	d = 2.5 cm colonie rose

Ici même la relation de proportionnalité entre l'évolution de l'indice antifongique et la concentration croissante de l'H.E a gardé son sens de proportionnalité.

L'H.E de *T.articulata* a donné son effet inhibiteur au volume de 50µl et l'association des deux huiles (*T.articulata* + *Pinus halepensis* (Abi-Ayad 2009)) a donné cet effet au même volume (50µl) et au double du volume 100µl, elle ne l'a point inhibé totalement. Donc les deux huiles donnent un effet synergique à une certaine association et un effet antagoniste à une association plus élevée.

b- Aspergillus niger, Aspergillus flavus et Penicillium spp.

Déposition d'une quantité connue d'H.E sur des puits d'une culture fongique de 7 jours.

Tableau 31 : Dépôts d'H.E de *T.articulata* sur une culture de 7 jours d'*A. niger*

A.niger	25 µl	50 µl
P. halepensis	légère diminution des spores	légère diminution sporale
T. articulata	légère diminution sporale	légère diminution sporale
P. halepensis **+ T.articulata**	légère diminution sporale	légère diminution sporale
Témoin (H₂O distillée stérile)	aucun effet	aucun effet

Tableau 32 : Dépôts d'H.E de *T.articulata* sur une culture de 7 jours d'*A. flavus*

A.flavus	25 µl	50 µl
P. halepensis	légère diminution des spores	légère diminution sporale
T. articulata	légère diminution sporale	légère diminution sporale
P. halepensis **+ T.articulata**	légère diminution sporale	légère diminution sporale
Témoin (H₂O distillée stérile)	aucun effet	aucun effet

Tableau 33 : Dépôts d'H.E de *T.articulata* sur une culture de 7 jours de *Penicillium spp*

Penicillium	25 µl	50 µl
P. halepensis	légère diminution des spores	légère diminution des spores
T. articulata	légère diminution des spores	légère diminution des spores
P. halepensis **+ T.articulata**	légère diminution des spores	légère diminution des spores
Témoin (H₂O distillée stérile)	aucun effet	aucun effet

Ces tableaux (31, 32 et 33) montrant les résultats de l'application d'une quantité déterminée d'huile dans des puits d'une culture fongique de 7 jours n'ont donné qu'un faible effet (négligeable).

Ayant utilisé l'huile de *T.articulata* ou en association à celle du Pin d'Alep sur des colonies fongiques de 7 jours, le même faible effet fut observé.

De ces observations, on peut conclure que l'H.E de *Tetraclinis articula* agit sur la moisissure en phase de mycélium c'est-à-dire lorsqu'il est en phase de développent et nécessitant des produits nutritifs pour assurer sa progression. L'huile par la toxicité de ses constituants peut endommager les parois de ses hyphes, bloquant ainsi leur progression et leur développement, ou encore la présence de ces constituants toxiques dans le milieu nutritif contraint le mycélium à faire des limites à son développement.

Tandis que dans le cas des 3 derniers tests, où la moisissure a développé ses spores, on note aucun effet de l'huile ; en effet l'espèce fongique a atteint tout son développent et a produit des spores qui sont connus comme résistants aux traitements antifongiques.

DISCUSSION :

I- Discussion partie physico-chimique

L'huile essentielle de *T.articulata* de Ghazaouet (Tlemcen) de forte odeur balsamique agréable et de couleur jaunâtre, extraite des feuilles de cet arbre, a donné un rendement moyen de 0.33% par la technique d'hydrodistillation, et de 0.34% par l'entrainement à la vapeur d'eau.

Ce rendement est inferieur à celui cité par *Barrero et al (2005)*, lors d'une extraction de 6h, sur les feuilles de cette espèce, la teneur obtenue était de 0.7%. *Bourkhiss* et son équipe, au cours de l'extraction de l'H.E des rameaux du thuya de Berbérie, ont enregistré un rendement moyen de 0.41% *(Bourkhiss et al 2007 b)*, et l'extraction à partir des feuilles leur ont donné un rendement de 0.22% *(Bourkhiss et al 2007 a)*.

La composition chimique de cette H.E, a révélé quatre composés majoritaires à savoir le bornyl acétate, le caryophyllène, le germacrène D et l'oxyde de caryophyllène.

En comparant les analyses chimiques d'H.E extraites des feuilles de thuya de Berbérie de différentes régions, le bornyl acétate était présent à toute extraction mais à des proportions variables. Il est majoritaire, dans deux H.E de régions différentes du Maroc *(Bourkhiss et al, 2007 a ; Ait Igri et al, 1990)*, et en seconde position après l'α-pinène dans des extraits de Tétouan (Maroc) et l'île de Malte *(Barrero et al 2005, Buhaghiar et al 2000)*. Ce qui est surprenant, c'est qu'il se trouve à l'état de trace (0.12%) dans l'H.E de Tunisie *(Tékaya-Karaoui et al 2007)*. Le tableau 34 qui montre les composés majoritaires des H.E extraites des feuilles de cet arbre, explique bien cette différence.

Tableau 34. Composés majoritaires de l'H.E T.articulata (feuilles) de différentes régions.

Ghazaout	Khémisset	Tétouan	Tunisie	Malte	Maroc
Notre étude	*Bourkhiss & al 2007 a*	*Barrero & al 2005*	*Tékaya-Karaoui & al 2007*	*Buhaghiar et al 2000*	*Ait igri et al 1990*
acétate de bornyl 52.1%	Acétate de bornyle30.74%	α-pinène › 23.54%	Z-muurolène 29.03%	α-pinène 68.2%	Acétate de bornyle 31.1%
caryophyllène 7.51%	α-pinène 23.54%	Camphre19.1 %	4,6-Diméthyl-octane-3,5 dione 22.42%	Acétate de bornyle 19.9%	Camphor 23.5%
germacrène D 5.6%	Camphre 17.27%	Acétate de bornyle16.5%	Naphtalène 6.62%	Limonène 25.3%	Bornéol 13.2%
oxyde de caryophyllène5.01%	limonène 5.98%	Bornéol 9.6%	Humulène 6,7 époxide 4.42%	Camphor 18.1%	α-pinène 9.7%
Cubenol 3.01%	bornéol 4.57%	Limonène › 5.98%	Pipéritone oxyde 3.37%	germacrène D 5%	Limonène 8.5%

En comparant entre les différentes régions produisant l'H.E de T .articulata, selon les classes prépondérantes, on remarque que (tableau 35),

Tableau 35. Les classes terpéniques d'H.E de T .articulata suivant les régions.

Classe de composés	Ghazaout (feuilles) (Notre étude)	Tunisie (feuilles) (Tékaya-Karaoui et al 2007)	Maroc (feuilles) (Bourkhiss et al 2007a)	Maroc (rameaux) (Bourkhiss et al 2007b)
Hydrocarbures monoterpéniques	0.71%	60.16%	36.13%	55.33%
Hydrocarbures sesquiterpéniques	19.08%	2.62%	0.51%	8.77%
Monoterpènes oxygénés	57.47%	6.2%	28.03%	10.16%
Sesquiterpènes oxygénés	16.07%	3.5%	32.01%	6.31%

La classe des monoterpènes oxygénés, dominante dans notre H.E (57.47%), vient en 3e position dans celle de Khémisset (28.03%) et en 2e position dans celle de Tunisie (6.2%). Les monoterpènes représentent :

58.18% par rapport aux sesquiterpènes 35.15% (HE de Ghazaouet),

62.36% par rapport au sesquiterpènes 7.12% (HE de Tunisie),

64.19% par rapport au sesquiterpènes 32.62% (HE de Khémisset).

105

II- Discussion de l'activité antimicrobienne :

L'H.E de *Tetraclinis articulata (Vahl)* présente in vitro une activité modérée vis-à-vis des germes ; elle a inhibé la croissance de trois souches bactériennes (*E.coli* 25 921, *S.aureus* 25923, *B.cereus*) et trois souches de moisissures. *A.flavus, A.niger , Fusarium spp.*

Cependant les micro-organismes étudiés n'ont pas manifesté la même sensibilité, les bactéries (à part *E.coli* ATCC 25922, *P.aeruginosa* ATCC27853) étaient plus sensibles à l'H.E que les moisissures.

Chez les bactéries, *Staphylococcus aureus* a montré une plus grande sensibilité à l'H.E par rapport à *E.coli*, résultat confirmé par *Bourkiss et al (2007)*. Cette constatation confirme ce qui a été rapporté par plusieurs auteurs *(Haji et al 1993, Tantaoui- El Araki 1993, Yadegarnia et al 2006, Hussain et al 2008, Nedorstova et al 2009).*

L'huile essentielle du bois de T.articulata (Maroc) est testée contre cinq bactéries et trois champignons et a révélé un grand pouvoir antibactérien et antifongique *(Satrani et al 2004)* ; celle extraite de ses feuilles a manifesté une forte activité inhibitrice envers six microorganismes, *E.coli, B.subtilis, S.aureus, M.luteus, P.parasiticus, A.niger (Bourkhis et al 2007 a)*. Quant à l'huile essentielle des rameaux de T.articulata testée in vitro contre ces six souches, n'a révélé son effet inhibiteur qu'envers *S.aureus et M.luteus (Bourkhiss et al 2007 b)*.

A la concentration de 15µl/ml de notre huile, *E.coli* ATCC 25922 et *P.aeruginosa* ATCC27853 s'avèrent encore résistantes. Cette résistante aux traitements des huiles essentielles est mentionnée par plusieurs auteurs *(Morris et al 1979, Carson et Riley 1995, Bagacie et Digrac 1996, Canillac 2001, Pibiri 2006, De billerbeck 2007, Dordevick et al 2007, Loizzo et al 2008, Nedrostova et al 2009).*

Cette résistance peut être expliquée par la pathogénicité de ces deux espèces. Elles présentent en effet de longues chaines d'ADN portant les gènes responsables de la virulence, appelées « îlots de pathogénicité » (Prescott, 2003). *E.coli* possède aussi des entérotoxines thermolabiles responsables de l'activation de l'adénylate cyclase, l'accumulation accrue d'AMPc et de la diarrhée secrétoire *(mandell et al, 1990).*

Les composés phénoliques agissent sur *E.coli (Canillac et al, 2001).* Généralement les huiles essentielles possédant le plus haut pourcentage de ces composés (thymol, carvacrol, eugénol...) sont dotés d'un grand pouvoir antimicrobien *(Farag et al 1989, Theroski et al 1989, Cosentino et al 1999, Dorman & deans 2000, Juliano et al 2000, Baker & Dreaher 2000, Lambert et al 2001, Nedrostova et al 2007, Adofina et al 2007)*, leur mécanisme d'action est liée à une perturbation de la structure de la membrane plasmique, conduisant à une fuite des métabolites internes *(Lristani et al 2007, Lin, Preston & Wei 2000).* Après pénétration, elles interagissent avec les sites intracellulaires, activent la coagulation de ses contenants et causent ainsi la mort cellulaire. *(Kawakishi & Kaneko 1987, Denyer & Hugo 1991, Sikkema et al 1995, Davidson 1997).* L'absence de composés phénoliques de notre espèce, explique la résistance de *E.coli.*

Ces composés phénoliques par contre, ont un faible effet inhibiteur sur *P.aeruginosa (Canillac et al 2001).* En fait, cette espèce bactérienne est connue pour son haut pouvoir pathogène *(Baltch 1993)* et manifeste de nos jours une résistance à divers antibiotiques *(Neal 2003).* Elle possède de nombreux facteurs de virulence (le lipopolysaccharide, l'exotoxine A, l'exotoxine S, l'élastase, la protéase alcaline, la phospholipase C, la phospholipase thermostable) *(Schaechter, Medeff & Eisenten, 2001).* Les composés d'huiles essentielles qui ont pu inhiber cette souche virulente, sont l'allyl isothiocyanate extrait de l'Allium rusticana, l'allicin et ses dérivés extrais de l'Allium sativum *(Nedrostova et al 2009)*, le terpinen-4-ol de Tea tree *(Mann, Cox et al 2000, Cox, Mann et al 2001)*, l'acide cinnamique et l'aldéhyde cinnamique de la cannelle *(Ibrahim et Ogunmode 1991).*

Une deuxième cause suggérée pour expliquer cette résistance est son aptitude à former des biofilms. *(Pibiri 2006)*.

En revanche, chez les moisissures, l'huile essentielle de T.articulata a inhibé *A.flavus* et *Fusarium spp* à une concentration de 15µl/ml et *A.niger* à 50% ; mais la croissance a repris le jour suivant, il s'agit donc d'un *effet fongistatique.* L'huile essentielle extraite des feuilles de T.articulata était aussi inhibitrice de *P.parasiticus et A.niger* (*Satrani et al 2004, Bourkhiss et al 2007*).

D'autres huiles essentielles ont exprimé leur activité inhibitrice sur nos trois souches fongiques, dont celles du genre juniperus, d'*Origanum acutidens* turque, de *Chenopodium ambrosoides,* de *Lippia rugosa* du cameroun, de *Cinnamum camphora* et d'*Alpinia galanga,* de *Cymbopogon citratus* , d'*Ocimum basicum* et d'*Origanum glandulosum* *(Paranagama et al 2003, Cavaleiro et al 2006 ; Kumar et al 2007, Kordali et al 2008, Hussain et al 2008, Bendahou et al 2008, Tatsadjieu et al 2009).*

L'activité antimicrobienne de cette huile essentielle est due principalement à son profil chimique. Il est à rappeler que notre essence est caractérisée par la présence du bornyl acétate 52.1% (composé majoritaire), connu pour son effet inhibiteur *(Duche & Beckstrom-Strenberg 2001).* En effet, l'activité antimicrobienne d'une huile essentielle est attribuée principalement à ses composés majoritaires *(Ipek et al 2005).* De même, l'HE de Khémisset (Maroc) dont le composé majoritaire est le bornyl acétate (30.74%) a exprimé un fort pouvoir inhibiteur *(Bourkhiss et al 2007 a).* Le bornyl acétate appartient à la famille des esters, qui participe aux effets antimicrobiens, comme exemple : l'acétate de géranyl, l'acétate d'α-terpényl, le citronellyl acétate *(Tzakou et al 1998).*

Cependant, il est plus correct, de dire que tous les constituants de l'HE participent à son effet antimicrobien global ; on peut ainsi parler d'un effet synergique. *(Gill et al 2002, Mourey & Canillac 2002, cal 2006, Bakkali et al 2007).*

D'autres composés présents participent à l'effet antimicrobien de cette HE à savoir, le β-caryophyllène 7.51% (composé ayant prouvé son activité envers *salmonella spp, staphylococcus aureus, shigella shiga, vibrio cholerae*) (Harrewijn et al, 2001). Elle renferme aussi le caryophyllène oxyde (5.01%), actif sur *salmonella spp, vibrio cholerae* et *shigella shiga* (Harrewijn et al, 2001) ; elle contient également des alcools à un pourcentage de 9.76% (cédrol, bornéol, t-cadinol, cadinol, caryophylladiénol, a-terpinéol, terpinen-4-ol, bourbonelol). Les bioessais effectués sur les HE riches en bornéol, sont dotés d'un grand pouvoir antimicrobien *(Félice et al 2004, Tabanca et al 2001),* on trouve aussi le camphre à 2.1%, le myrcène , le germacrène D, le g-cadinène et le d-cadinène .

Le mode d'action des HE n'a pas été très étudié en détail *(Lambert et al 2001).* Le caractère lipophile de leur squelette hydrocarboné leur permet de traverser la paroi cellulaire et la membrane plasmique, de perturber et détruire l'agencement de ses couches de polysaccharides, d'acides gras, de phospholipides et de les perméabiliser .

Le Caractère hydrophile de leurs groupes fonctionnels est d'une très haute importance dans l'activité de l'huile essentielle (*Adolfina et al 2006).* La figure 31 propose les possibles modes d'action des composants d'huiles essentielles.

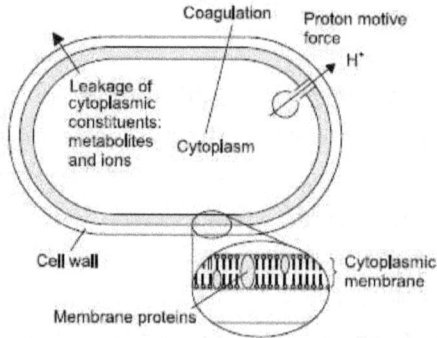

Fig.31 : Les mécanismes d'action des composants d'HE supposés avoir lieu en contact de la cellule bactérienne.

dégradation de la paroi cellulaire *(Thoroski et al 1989, Helander et al 1998)*, endommagement de la membrane cytoplasmique *(Knobloch et al 1989, Sikkema et al 1994, Oosterhaven et al 1995, Ultee et al 2000, 2002)*, endommagement des protéines membranaires *(Juven et al 1994, Ultee et al 1999)*, perte du contenu cellulaire *(Oosterhaven et al 1995, Gustafon et al 1998, Helander et al 1998, Cox et al 2000, Lambert et al 2001)*, coagulation du cytoplasme *(Gustafon et al 1998)* et perte de la force motrice des protons *(Ultee and Smid 2001, Ultee et al 1999)*.

L'absence de comparaison directe (dans ce manuscrit) entre les valeurs de CMI enregistrée par l'H.E de T .articulata de Ghazaouet envers les six souches microbiennes et les valeurs de CMI et de CMB enregistrée par les autres H.E (de littérature scientifique), est due à l'absence de méthodes standards pour ces études.

Comme le mentionne plusieurs auteurs Burt (2004), Bakkali (2007), Adolfina (2007), Ahmed (2001). L'absence d'une standardisation dans la prise du volume d'inoculum dans la composition et le volume du milieu, dans le pH, dans la T, influe considérablement sur les résultats obtenus et empêche toute comparaison rigoureuse. Dr Burt 2004 explique très bien ce point et pose aussi le problème de l'absence d'une définition de CMI et CMB standards, comme on peut le constater sur le tableau 36.

Tableau36. Les termes utilisés pour les tests antibactériens (Burt 2004)

Terms used in antibacterial activity testing

Term	Definition, with reference to concentration of EO	Reference
Minimum inhibitory concentration (MIC)	Lowest concentration resulting in maintenance or reduction of inoculum viability	(Carson et al., 1995a)
	Lowest concentration required for complete inhibition of test organism up to 48 h incubation	(Wan et al., 1998; Canillac and Mourey, 2001)
	Lowest concentration inhibiting visible growth of test organism	(Karapinar and Aktug, 1987; Onawunmi, 1989; Hammer et al., 1999; Delaquis et al., 2002)
	Lowest concentration resulting in a significant decrease in inoculum viability (>90%)	(Cosentino et al., 1999)
Minimum bactericidal concentration (MBC)	Concentration where 99.9% or more of the initial inoculum is killed	(Carson et al., 1995b; Cosentino et al., 1999; Canillac and Mourey, 2001)
	Lowest concentration at which no growth is observed after subculturing into fresh broth	(Onawunmi, 1989)
Bacteriostatic concentration	Lowest concentration at which bacteria fail to grow in broth, but are cultured when broth is plated onto agar	(Smith-Palmer et al., 1998)
Bactericidal concentration	Lowest concentration at which bacteria fail to grow in broth, and are not cultured when broth is plated onto agar	(Smith-Palmer et al., 1998)

Ainsi, les huiles essentielles possèdent un très grand potentiel envers les bactéries et les champignons, mais ce spectre antimicrobien s'étend également vers les virus, les mycoplasmes, les chlamydiae, les protozoaires, les mites et les insectes. (*Inouye & Abe 2007*) .Ainsi le monde des HE reste un grand champ à défricher dont l'outil de travail est la normalisation de ses méthodes d'études et une plus grande rigueur et minutie à aborder ce domaine.

Conclusion :

Le présent travail est consacré à la détermination du rendement, de la composition chimique, des indices physico-chimiques et des activités antibactériennes et antifongiques de l'huile essentielle extraite des feuilles de Tetraclinis articulata (Vahl) de la région de Ghazaouet (Tlemcen, Algérie).

L'extraction des huiles a été effectuée par entrainement à la vapeur et hydrodistillation. Le rendement obtenu par entrainement à la vapeur est légèrement supérieur (0.34 %) à celui obtenu par la deuxième technique (0.33%), le mois de Novembre correspondant à la période de floraison, a enregistré le rendement le plus élevé. Trente trois composés ont été identifiés à 98% près par CG/SM, l'acétate de bornyle (52.1%) et le caryophyllene (7.51%) en constituent les composés majoritaires.

Les indices physicochimiques de l'huile furent déterminés et l'examen phytochimique de la plante fut établi, relevant la présence :

D'hétérosides triterpéniques, des anthracénosides, des anthocyanosides, des quinones, des flavonoïdes, des coumarines et une présence très marquée des stérols, stéroïdes et des Tanins.

L'Huile essentielle a été testée contre les bactéries suivantes *Staphylococcus aureus* ATCC 25923, *Pseudomonas aeruginosa* ATCC 27853, *Escherichia coli* ATCC 25922 et ATCC 25921, *Bacillus cereus* CHU de Tlemcen, et contre les moisissures *Aspergillus flavus et A. niger, Fusarium spp, Penicillium spp* isolées de céréales moisis et identifiés au niveau du Laboratoire de Mycologie, Tlemcen. L'activité antimicrobienne a été évaluée par 3 méthodes : l'aromatogramme, la microatmosphère et la technique de contact direct, pour les bactéries, et seulement par les deux dernières méthodes pour les moisissures.

Nos résultats ont montré que l'effet inhibiteur variait selon la souche testée. Certaines bactéries ont manifesté leur résistance vis-à-vis de l'HE de *T.articulata* notamment *E. coli* ATCC 25921 et *P. aeruginosa* ATCC 27853. Les autres étaient sensibles. On a noté également que l'activité de l'HE variait selon le type de moisissure et aussi selon la technique utilisée.

L'activité moyenne qu'a manifestée l'huile essentielle de *T.articulata* est expliquée d'une part par son profil chimique, constitué essentiellement par l'acétate de bornyle à 52%, connu pour son faible pouvoir antiseptique et d'autre part la très faible présence de composés phénoliques, connus pour leurs actions antibactériennes.

Références bibliographiques

A

A.F.N.O.R. (1986). **Association française de normalisation .Recueil de normes françaises. Huiles essentielles. 2ieme édition.**

Abbas Y, Ducousso M, Abourouh M, Azcon R, Duponnois R, 2006. **Diversity of arbuscular mycorrchizal fungi in Tetraclinis articulate (vahl) Mastes woodlands in Morocco.** Ann For Sci 63, 285-291.

Abi-Ayad M. 2009. Etude

Abu shahla a n k, abou el khair, sarham m m, helal g a 2007 **meryem**

Adams RP 2002. Identifi**cation of essential oil components by gaz chromatography quadruple mass spectroscopy. Allured carol stream in husnu can baser.**

Adolfina R., Koroch H., Rodolfo Juliani J., Zygadlo A. (2007).**Bioactivity of Essential Oils and Their Components.** Flavours and Fragrances: Chemistry, Bioprocessing and Sustainability: 87-115

Aghel N., Yamini Y., Hadjiakhoondi A., Mahdi Pourmortasavi S. 2004. **Supercritical carbon dioxide extraction of *Mentha pulegium* L. essential oil. Talanta. 62: 407-411.**
Ahmad I, Aquil F, Owais M ( ) **Modern phytomedicine, edition ( )**

Ait igri MM, Holeman A, Ilidrissi and M Berrada 1990. **Contribution to the essential oil chemical study of Tetraclinis articulate terminal branches and wood.** Plant. Med. Phythother, 24 : 36-43.

Angioni A, Barra A, coroneo V, Dessi S, cabra P 2006. **Chemical composition, seasonal variability and antifungal activity of Lavandula stoechas L.** J Agric Food chem 54, 4364-4370 .

Anonyme 2003. **Alberta Agriculture, Food and rural development, Edmonton.**

AYACHE Fouzia, **Mémoire de Magister : Les résineux dans la région de Tlemcen ; Aspect écologique et cartographique** (2007).

B

BACCHI G.D and Srivastava G.n. Fruits and seed. 2003 Spices and Flavoring (Flavouring) crops / fruits and seeds. Elsevier Science Ltd. 5465-5477.

Badjah , 1978. **Extraction, analyse et evolution de la qualité des huiles essentielles des lavandes algériennes, thèse de Magister, faculté des sciences, univ d'Alger.**

Bagaci E .,Digrak.M. 1996. **Antimicrobial activity of essentials oils from trees Turk.Sci.Aliments14,403-419**

Baker & dreaher 2000 **in Bakkali & al 2007**

BAKKALI F, AVERBECK S, AVERBECK D, IADORMA M. (2008). Biological effects of essential oils. Food and Chemical Toxicology. 46. 446-475.

Baltch a 1993. Pseudomonas aeruginosa infections and treatments. Edition informa health care.

Bankole S.A, 1997. Effect of essential oils from two Nigerian medicinal plants in Tatsadijeu & al 2009

Barrero A F, Herrado M M, Artega P, Quiltz J, Akssira M, Mellouki F, Akkad S. 2005. Chemical composition of the essential oil of leaves and wood of Tetraclinis articulate (vahl) Masters. J Ess Oil Res. 17, 166-168.

Baser KHc. 1995. In de Silva KT. A manual on essential oil industry. In Husnu can Baçer

Bauer K. , Gahrbe D. , Shurburg H. 2001. Common fragrance and flavor materials : preparation, properties and uses . Wiley-VcH, Weinhem.

Baysal T, Starmans DAJ. 1999. Supercritical carbon dioxide extraction ofcarvone and limonene from caraway seed. Journal of Supercritical fluids. 14 :225-234.

Bekhechi C. 2002. Analyse de l'huile essentielle d'Ammoides vertcillata (nunkha) de la région de Tlemcen et étude de son pouvoir antimicrobien. Thèse de Magister, univ.Tlemcen, Faculté des sciences

Bekhechi C., Atik-Bekkara F., Abdelouahid D. E. (2008). Composition et activite antibacterienne des huiles essentielles d'Origanum glandulosum d'Algerie. Phytotherapie 6: 153–159

Belaiche P 1979. Traité de phytothérapie et d'aromathérapie, édition Maloine S.A, tome I.

BELAICHE P. Traité de Phytothérapie et d'aromathérapie, édition Maloine S.A, tome I, 1979.

Belitz H D, grosch w, schieberle p 2004. Food chemistry, springer.

Bellakhdar J 1978 Traditional medicine and west saharian toxicology

Bellakhdar J, Honda G, Miki W 1982. Herbdrug and herbalists in the Maghrib.

BENABIB A. 1976. Etude écologique, phytosociologique et sylvo-pastorale de la tétraclinaie de l'Amsittène. Thèse 3e cycle. Univ. Aix-Marseille III

Bendahou M, Muselli A, Grignon-Dubois M, Benyoucef M, Desjobert J M, Bernardins A F, costa J 2008. Antimicrobial activity and chemical composition of origanum glandulosum desf essential oil and extract obtained by microwave extraction : comparison with hydrodistillation. Food chemistry 106: 132-139.

Bendahou M. (2007). Composition chimique et propriétés biologiques des extraits de quelques plantes aromatiques et médicinales de l'ouest algérien. Thèse de doctorat d'état, univ. Tlemcen, Faculté des sciences

115

Benjilali B 2004. Extraction des plantes aromatiques et médicinales, cas particulier de l'entrainement à la vapeur d'eau et ses équipements. Congrés sur les huiles essentielles, Rabat, Maroc.

Benmansour A. 1999. Etude et valorisation de l'armoise blanche de l'ouest algérien et de deux variétés de dattes algériennes. Thèse de Doctorat d'Etat. Université de Tlemcen, Institut de chimie

Bets t j 2001. Chemical characterization of the different types of volatile oil constituents by various solute retention ratios with the use of conventional and novel commercial gas chromatographic stationary phases. J. chromatogr. A 936, 33-46.

BHANAGER S.P and MOITRA Alok. Titre du livre : Gymnosperms, éditeur new age international. 1996

Bocchio E. 1985. Natural essentials oils. Parfums Cosmét. Arômes. 63 : 61

Bouanoun d, hilan c, garbetg f, sferi r 2007. Etude de l'activité antimicrobienne de l'huile essentielle d'une plante sauvage Prangos asperula boisa. Phytothérapie 5 : 129-134.

BOUDY P (1950). Economie forestière nord-africaine. Monographie et traitement des essences. Edition Larose.

BOUDY P (1952). Guide du forestier en Afrique du nord. Paris maison rustique

BOURKHISS M. HNACH M. BOURKHISS B. OUHSSINE M. CHAOUCH A 2007a. Composition chimique et propriétés antimicrobiennes de l'huile essentielle extraite des feuilles de Tetraclinis articulata (Vahl) du Maroc. Afrique Science 03(2) 232-242.

BOURKHISS M. HNACH M. BOURKHISS B. OUHSSINE M. CHAOUCH A 2007b. Composition chimique et bioactivité de l'huile essentielle des rameaux de Tetraclinis articulata. Bull. Soc. Pharm. Bordeaux, 146, 75-84.

Bowles. E.J 2003. Chemistry of aromatherapeutic oils. Allen & Unwin, ISBN 174114051X.

Braga M.E.M., Ehlert P.A.D., Ming L.C., Meireles M.A.A. 2005. Supercritical fluid extraction from Lippia alba: global yields, kinetic data, and extract chemical composition. The Journal of Supercritical Fluids. 34: 149-156.

Brisset L et Lécolier M D 1997. Hygiène et asepsie au cabinet dentaire, éditeur: Masson Elsevier.

BRUNETON J 1993. Pharmacognosie. Phytochimie. Plantes médicinales. Editions Tec & Doc.

BRUNETON J 2005. Pharmacognosie. Phytochimie. Plantes médicinales. 3e edition 2005. Editions Tec & Doc. Editions médicales internationals.

Buhaghiar j, camilleri podesta M T, Gioni PL, flamini G, Morell I, 2000. Essential oil composition of different parts of Tetraclinis articulta . J Essens Oil Res 12, 29-32.

BURDOCK George a. Encyclopedia of food and color additives, éditeur CRC. 1996

116

Burt S. (2004). Essential oils: their antibacterial properties and potential applications in foods- a review. International Journal of Food Microbiology 94.223-253

C

Cal K 2006. Skin penetration of terpenes from essential oils and topical vehicles. Plant Med 72, 311-316.

Canillac n, mourey a 2001.Antibacterial activity of the essential oil of picea excels on listeria, staphylococcus aureus and coliform bacteria. Food microbiology, 18, 261-268.

Caravalno et al., 2005 in Bakkali & al 2007

Carré p 1953. Précis de technologie et de chimie industrielle in Bendahou 2007

Carson & al 1999b, in Burt S. 2004

Carson et al 1995a, in Burt S. 2004

Carson et Riley 2003 in Bakkali & al 2007

Carson, C. F. et T. V. Riley (1995). "Antimicrobial activity of the major components ofthe essential oil of Malaleuca alternifolia" Journal of Applied Bacteriology 78-(264-269).

Cavaleiro c, pinto e, gonçalves m j, salgueiro L. 2006. Antifungal activity of *Juniperus* essential oils against dermatophyte, aspergillus and candida strains. Journal of applied microbiology 1333-1338.

Chaib k, zmantar k, ksouri r, hajlaoui h, mahdouani k, abdelly v, bakhrouf a 2007. Antioxidant properties of the essential oil of Eugenia caryophyllata and its antifungal activity against a large number of clinical candida species. Journal compilation. Blackwell publishing l td. Mycoses 50, 403-406.

Chaibi a, ababouch l h, belarbi k, boucetta s, busta ff 1997. Inhibition of germination and vegetative growth of bacillus cereus t and clostridium botulinum spores by essential oils.Food microbiology 14, 161-174.

Chang c.w, chang w.l, chang s.t, cheng s s 2008. Antimicrobial activities of plant essential oils against legionella pneumophila. Water research 42, 278-286.

Chemat S., Lagha A., AitAmar H., Bartels P.V., Chemat F. 2004. Comparison of conventional and ultrasound-assisted extraction of carvone and limonene from caraway seeds. Flavour and Fragrance Journal. 19:188-195.

Collin J.J. 1991. Isolation and production. Parfums. Cosmet. Arômes. 97: 105

Cosentino & al 1999, in Burt S. 2004

Cosentino s, tuberose c l g, piasno b, satta m, mascia v, arzedi f, palmas f.1999. in vitro antimicrobial activity and chemical composition of Sardinia thymus essential oils. Letters in applied microbiology 29, 130-135.

117

Council of Europe 2000, etude comparative sur les produits frontiers et les situations frontiers, éditeur council of europe.

Cox et al 2000, in Burt S. 2004

Cox, S. D., C. M. Mann, et al. (2001). "Interactions between components of the essential oil of Melaleuca alternifolia" Journal of Applied Microbiology 91- 3: (492-497).
Cristani m d'arrigo m, mandalari g, castelli f, sapietro m g, micieli d 2007. Interaction of fourmonoterpènes contained in essential oils with model membranes : implications for their antimicrobial activity. Jouranal of agricultural and food chemistry, 55, 6300-6308.

Croteau r, kutchan t m, lewis n g 2000. Natural products (secondary metabolites)

CUNNIGHAM 2005 Anthony Carving, out a future, édition Earthscan

D

Dapkevicius A., Venskutonis R, Van Beek T.A., Linssen J.P.H. 1998. Antioxidant activity of extracts obtained by different isolation procedures from some aromatic herbs grown in Lithuania. Journal of Science Food and Agriculture 77(1): 140-146.

Dargan, 2000 in Bakalli & al 2007

Davidson p m 1997. Chemical preservatives and natural antimicrobial compounds in burt 2004

DE BILLEBERCK (V.-G) . Huiles essentielles et bactéries résistantes aux antibiotiques. Phytothérapie (2007) 5: 249-253.

De Billerbeck V G, Roques cG, Vanière P, Marquier P, 2002. Activité antibactérienne et antifongique de produits à base d'H.E. Hygiènes (revue officielle de la société française d'hygiène hospitalière) 10 : 248-51.

Deba f, xuan t d, yasuda m, tawata s 2008. Chemical composition and antioxidant, antibacterial and antifungal activities of the essential oils from bidens pilosa linn. Var. radiata. Food control 19, 346-352.

DEL VILLAR H. 1947 Type de sol de l'Afrique du Nord.in Ayache 2007.

Delaquis et al 2002, in Burt S. 2004

Delille 2007 Les plantes médicinales d'Algérie. Edition BERTI.

Deng C., Yao N., Wang A., Zhang X. 2005. In lagunez rivera 2006.

Denyer s p & hugo 1991. Mechanisms of antibacterial action in Burt 2004

Dewick PM 2002. Médicinal naturl products : a biosynthetic approach, wiley, chichester.

DEYSON G. Organisation et classification des plantes vasculaires, édition S.E.D.E.S, tome I, 1967

Di Pasqua & al 2006. Changes in membrane fatty acids composition of microbial cells induced by addition of thymol, carvacrol, limonene, cinnamaldehyde and eugenol in the growing media. J Agric Food chem. 54, 2745-2749.

Digrak m, ilcim a, alma m h 1999 Antimicrobial activity of several parts of pinus brutia

Dordevic M., Petrovic S., Dobric ., Milenkovic M., Vucicevic D., Zezic.S., Kukic J. (2007) .Antimicrobial , anti- inflammatory ,anti-ulcer and antioxidant activities of Carlina acanthifolia root essential oil. Journal of ethnopharmacology 109:.458-463.

Dorland 2008. Dictionnaire médical bilingue de Dorland's, éditeur Elsevier Masson.

Dorman h j d, deans s g 2000. Antimicrobial agents from plants : antibacterial activity of plant volatile oils. Journal of applied microbiology 88, 308-316.

DREF 2002, La Division de Recherche et d'Expérimentation, -Thuya : importance écologique et économique. Terre & vie n° 53

Duke j a & beckstrom-strenberg s.m 2001. Handbook of medicinal mints (aromathematics) phytochemicals and biological activities. Éditeur cRc Press.

E

Eagleson M 1994. Consise encyclopedia chemistry, éditeurde Walter

EL oukili m a & megeherfi e h. 1992. Thèse d'ingénieur d'état. Etude comparative des huiles essentielles des sommités et du reste de la plante d'artemesia herba alba « chih »- régions de sebdou et d'el-arichz. Biologie, univ de tlemcen

EL-OUKILI M. A and MEGHERFI E.H Thèse d'ingénieur d'état. Etude comparative des huiles essentielles des sommités et du reste de la plante d'Artemesia herba alba « CHIH » régions de Sebdou et d'El-Aricha. Institut de Biologie. Université de Tlemcen. 1992.

EMBERGER L 1938. Aperçu général sur la végétation du Maroc.

EMBERGER L 1930. Sur une formule climatique applicable en géographie botanique. C.R.A

Encarta 2006, encyclopédie sur CD-Rome.

Ernst E, Pittler M H. 2005. Médecines alternatives : guide critique, éditeur: Elsevier Masson.

Evans Wc 2002 Trease and evan's pharmacognosy. Edition sanders.

Ezzat s m 2001. The inhibition of candida albicans growth by plant extracts and essential oils. World journal of microbiology & biotechnology 17 : 757-759.

F

Farag r s, daw z y, hawedi f m, el-baroty g s a, 1989. Antimicrobial activity of some Egyptian spice essential oils. Journal of food protection 52 (9) 665-667.

119

Fauchère, J.-L. et J.-L. Avril (2002). "Bactériologie générale et médicale" Ellipses Editions Paris, (365).

Felice S, Fransesco N, Nelly AA, Maurezio B, Werner H 2004. Composition and antimicrobial activity of the essential oil of Achillea falcate L. Flav and Fragr J 20, 291-294.

FENANE M. La qualité du bois de thuya de Maghreb (Tetraclinis articulata) et ses conditions de développement sur es principaux sites écologiques de son bloc méridional au Maroc. Thèse de Doctorat 1987. In Ayache 2007.

Fleurette, J., J. Freney, et al. (1995). "Antisepsie et désinfection". In Pibiri 2006.

G

Gámiz-Gracia L., Luque de Castro M.D. 2000. Continuous subcritical water extraction of medicinal plant essential oil: comparison with conventional techniques In lagunez rivera 2006.

Ganou L. 1993. Thèse de doctorat nº 689, Institut National Polytechnique de Toulouse. In lagunez rivera

Garnero J. 1985. Semipreparitive separation of terpenoids from essential oil.
Garnero j. 1991. Les huiles essentielles, leur obtention, leur composition, leur analyse et leur normalisation. Ed techn encyclo met nat. (Paris-France), phytothérapie-aromathérapie.

Gill A O, delaquis P, Russo P, Holley R A 2002. Evaluation of antilisterial action of cilantro oil on vaccum packed ham. International journal of food microbiology 73, 83-92.

Giordani r, regli p, kaloustian j, mikaïl c, abou l, Portugal h 2004. Antifungal effects of various essential oils against candida albicans. Potentiation of antifungal action of amphotericin B by essential oil of thymus vulgaris. Phytotherapy research, 18. 990-995.

Giordani & kaloustian meryem

Goetz P et Busser c 2006 la phytocosmétologie thérapeutique, éditeur Springer, collection phytothérapie pratique.

GRECO J. 1966, L'érosion, la défense et la restauration des sols, le reboisement en Algérie. Pub. Univ. Agr. Révolution Agraire. Algérie.

GROOM Nigel. 1997, The new perfume handbook. Editeur nigel groom

Gustafon et al 1998, in Burt S. 2004

H

HADJADJ AOUL S. Les peuplements du thuya de Berbérie en Algérie : phytoécologie syntaxonomique, potentiels sylvicoles. Thèse Doctorat, Es. Sci. Univ. Aix-Marseille. (1995)

Hajhashemi V, Ghannadi A, Sharif B 2003. Anti inflammatory and analgesic properties of the leaf of extracts and essential oil of lavandula angustifolia, Mill. J Ethnopharmacol 89, 67-71.

Haji & al 1993 in Bakalli & al 2007.

Hammer & al 1999, in Burt S. 2004

Hammer, K. A., C. F. Carson, et al. (2003). "Antifungal activity of the components of Melaleuca alternifolia (tea tree) oil" Journal of Applied Microbiology 95- 4: (853-860).
HARREWINJ P. , OOSTEN A. , PIRON P. Natural terpenoids as messengers, a multidisciplinary study of their production, biological functions and practical applications. Éditeur Springer.

HEATH henry. Source book of flavours. Editeur Springer. 1981

Hellander I M, Alakomi H L, Latva-kala K, Mattila-Sandholm I, Pol I, Smid EJ, Gorris LGM, Von Wright A 1998. Characterization of the action of selected essential oil components on Gram-negative bacteria. J Agric Food chem. 46, 3590-3595.

Husnu can baser & Demirici F. (2007). Chemistry of essential oils. Flavours and Fragrances: Chemistry, Bioprocessing and Sustainability 43-86.

Hussain A I, Anwar F, Hussain Sherazi S T, Przylbyski R 2008. Chemical composition, antioxidant and antimicrobial activities of basil (Ocimum basilicum) essential oils depends on seasonal variations. Food chemistry 108 : 986-995.

I

Ibrahim, Y. K. E. et M. S. Ogunmodede (1991). "Growth and survival of Pseudomonas aeruginosa in some aromatic waters" Pharm. Acta Helv. 66- 9-11: (286-288).

Ibram h, aziz a n, syamsir dr, mohamad ali a n, mohtar m, ali r m, awang k 2009.Essential oils of alpinia conchigera griff and their antimicrobial activities. Food chemistry 113, 575-577.

Inouye S, Abe S 2007. Nouvelle approche de l'aromathérapie anti-infectieuse. Phytothérapie n° 1 : 2-4.

Inouye s, takizawa t, yamaguchi h 2001.Antimicrobial activity of essential oils and their major constituents against tract   pathogene by gaseous contact. Journal of antimicrobial chemotherapy 47, 565-573.

Ipek E, Zeytinoglu H, Okay S, Tuylu B A, Kurkcucogluc M, Husnu can Baser K 2005. Genotoxicity and antigenotoxicity of origanum oil and carvacrol evaluated by ames Salmonellac/microsomal test. Food chemistry 93, 551-556.

Izakou O, Verkykokido, Roussis V, chinou I, 1998. Chemical composition and antibacterial properties of thymus longicaulis subsp. Chaourbadii oils : three chemotypes in the same populations. J Essens Oil Res. 10, 97-99.

J

Joulain D, Konig WA, Hochmut DH 2006. Terpenoids and related constituents of essential oils. Library of mass finder (husnu can baser)

Juliano c, mattano a, usai m 2000. Composition and in vito antimicrobial activity of the essential oil of thymus herba-baroma loisel growing wild in sardina. Journal of essential oil research 12, 516-522.

Juven et al 1994, in Burt S. 2004

K

Kaloustian j, chevalier j, mikail c, martimo m, abou l, vergenes m f 2008.Etude de six huiles essentielles : composition chimique et activité antibactérienne.Phytothérapie 6 : 160-164.

Karaman s, digrak m, ravid u, ilcim a 2001. Antibacterial and antifungal activity of the essential oils of thymus revolutus celak from turkey. Journal of ehnopharmacology 76, 183-186.

Karapinar & aktug 1987, in Burt S. 2004

Kawakishi s & kaneko t 1987. Interactions of proteins with allyl isothiocyanate. Journal of agricultural & food chemistry 35, 85-88.

Kelem m, tepe b 2008. Chemical composition and antimicrobial properties of the essential oils of salvia species from turkish flora. Bioresource technology 99, 4096-4104.

Keravis G. 1997. Spectométrie de masse et chromatographie dans l'analyse des plantes aromatiques et huiles essentielles in Lahlou

Khajeh M., Yamini Y., Bahramifar N., Sefidkon F., Bahramifar N. 2004.Comparison of essential oil composition of Carum copticum obtained by supercritical carbon dioxide extraction and hydrodistillation methods. Food Chemistry. 86: 587-591.

KHELIFI H. 1987 Contribution à l'étude phytoécologique des formations à chene liège dans le Nord Est Algérien. Thèse de Magister. Univ. Des Sc. Technl.

Kim N.S., Lee D.S. 2002. Comparison of different extraction methods for the analysis of fragrances from Lavandula species by gas chromatography mass spectrometry. Journal of Chromatography A. 982: 31-47.

Knobloch et al 1989, in Burt S. 2004

Knoblock K, Pauli A, Iberl B, Weigand H, Weis N 1989. Antibacterial and antifungal properties of essential oil components. J Essens Oil Res 1, 119-128.

Konig WA, hochmuth DH. 2004. J chromatogr Sci 42 : 423.

Kordali S, cakir a, ozer h, cakmakci r, kesdek m, mete e. 2008. Antifungal, phytotoxic and insecticidal properties of essential oil isolated from turkish actudens and its three components, carvacrol, thymol and p-cymene. Bioressource technology 99, 8788-8795/

Krause-baranowska, Maradarowiez M., Wiwart .M. (2002). Antifungal activity of the essential oils from some species of the genus Pinus.Z.Naturforsh.57c, 478-482

Kubezka K-H, Formacek V 2002. Essential oils analysis by capillary gaz chromatography and carbon-13 NMR Spectroscopy, Wiley chichester (husnu can baser)

Kumar R, Kumar Mishra A, Dubey N K, Tripathi 2007. Evaluation of *chenopodium ambrosioides* oil as a potential source of antifungal, antiaflatoxigenic and antioxidant activity. International journal of food microbiology. 115, 159-164.

L

Lagunez rivera L. (2006). Étude de l'extraction de métabolites secondaires de différentes matières végétales en réacteur chauffe par induction thermomagnétique directe. Thèse de doctorat d'état, univ. Toulouse .Institut polytechnique Sciences des Agroressources.

Lahlou M 2004. Methods to study the phytochemistry and Bioactivity of essential oils. Phytother. Res. 18, 435-448.

Lahlou M, Berrada R, 2003. Composition and mollucidal properties of essential oils of five Moroccan Pinacea. Pharm Biol 41, 207-210.

Lahlou M, Berrada R, Agouni A, Hammouchi M. 2000. The potential effectiveness of essential oils in the control of human head lice in Morocco. J Aromather 10: 108-123.

Lahlou M, Berrada R, Hammoudi M, Lyagoulr M. 2001. Effect of some Morrocan medicinal plants on mosquito larvae. Thérapie 56: 193-196.

Lakhal C. (2007-2008). Inventaire floristique et halieutique sur le littoral de Ghazaouet. Mémoire de l'obtention de diplôme d'ingénieur d'état en Ecologie végétale (pathologie des écosystèmes).

Lambert et al 2001, in Burt S. 2004

Lambert R J W, Skandamu P N, coote P, Nychas G-J E 2001. A study of the minimum inhibitory concentration and mode of action of oregano essential oil, thymol and carvacrol. Journal of applied microbiology 91, 453-462.

LAMNAOUR Driss, BOTANOUNY Kamal 2005, écrivant sur Tetraclinis articulata in A guide to medicinal plant in north africa, éditeur IUCN (centre for mediteranean corporation, i,ternational union for conservation of nature and nature ressources)

Lawrence, 1993 ; Proc Remes Rencontres Int Nyons 41

Lawrence, BM 2001 ; Int J Aromather 10 : 82.

Lazouni H.A (2007). Contribution à l'étude de la dégradation de l'huile essentielle du Foeniculum vulgare Miller.Thèse de doctorat d'état, univ. Tlemcen, Faculté des sciences

Le Floc'h E. 1983 in Abbas Y, Ducousso M, Abourouh M, Azcon R, Duponnois R, 2006. Diversity of arbuscular mycorrchizal fungi in Tetraclinis articulate (vahl) Mastes woodlands in Morocco. Ann For Sci 63, 285-291.

LEGRAND G. 1978. Manuel préparateur en Pharmacie. Masson, Paris.

LEGRAND G. 1993. Manuel de préparateur en Pharmacie. Masson, Paris.

Lemberg s. 1982 « armoise » artemesia herba alba, perfumer flavorist,

Lin c m, Preston j f & Wei c l 2000. Antibacterial mechanism of allyl isothiocyanate. Jouranal of food protection, 63, 727-734.

Lis balchin m, deans sg, eagleshan f 1998. Relationship between bioactivity and chemical composition of commercial essential oils. Flavor & fragrance journal, vol 13, 98-104.

Loizzo .M.R, Saab.A.M. Tundis.R. Menichinif.Bonesi. M.Statti.G.A, Menichini.F(2008). Chemical composition and antimicrobial activity of essential oils from Pinus brutia (Calabrian pine) growing in Lebanon. Chemistry of natural compounds, Vol.44.No.6.

Luque de Castro M.D., Jiménez-Carmona M.M., Fernández-Pérez V. 1999. Towards more racional techniques for the isolation of valuable essential oils from plants. Trends in analytical chemistry. 18 (11): 708-716.

M

MAIRE R 1952. Flore de l'Afrique du Nord. T1. Edition Lechevalier. Paris

Mandell g l, douglas r g, benett j e. principles and practices of infectious disease. Édit. Inc Medical Publishers

Mann, C. M., S. D. Cox, et al. (2000). "The outer membrane of Pseudomonas aeruginosa NCTC 6749 contributes to its tolerance to the essential oil of Melaleuca alternifolia (tea tree oil)" Lett Appl Microbiol 30- 4: (294-297).

Martini MC., Seiller M. 1999. Actifs et additifs en cosmétologie. Procédés d'extraction des huiles essentielles. Editions Tec & Doc, Editions médicales internationales. p 563.

Masotti V, Juteau F, Bessière J M, Viano J 2003. Seasonal and phenological variations of the essential oils from the narrow endemic species Artemesia molienev and its biological activities. J Agric Food chemis 51, 7115-7121.

Mc Lafferty FW, Stauffer DB 1989. The wiley registry ofmass spectral Data Wiley, New York in husnu can Baser.

MILOUDI A. 1996. La regénération du thuya de Berbérie (Tetraclinis articulata) dans la foret de Fergoug (Mascara). Thèse de Magister. Instit . Nation. Agron. El Harrach

Morisette c 2007. Des H.E pour chaser les bactéries des hopitaux ? article publié sur internet: www.passeportsanté.net

Morris J.A. , Khettry A ., Seitz E.W. 1979. Antimicrobial activity of aroma chemicals and essential oils. j. Amer. oil chem.. soc.56,595-603.

Moura et al, 2005 in Bakkali & al 2007

Mourey A, canillac N 2002. Anti-listeria monocytogenes activity of essential oils components of conifers. Food control 13, 289-292.

N

Nabli 1989 in Abbas Y, Ducousso M, Abourouh M, Azcon R, Duponnois R, 2006. Diversity of arbuscular mycorrchizal fungi in Tetraclinis articulate (vahl) Mastes woodlands in Morocco. Ann For Sci 63, 285-291.

Neal m 2003. En bref pharmacologie médicale. édition de Boeck

Nedorostova L.,Kloucek P. ,Kokoska L . ,Stolcouva M .,Pelkrabek J. (2009). Antimicrobial properties of selected essential oils in vapour phase against foodborne bacteria. Food control 20:157-16.

Neji O. (1983. Manuel pratique de microbiolgie générale. tome 1.

NIST/ EPA/ NIH Gc-MS Library. http: // www.sisweb. Com/software/ms/nist.htm

O

Olive b, piccirili e, ceddia t, pontieri e, aureli p, ferrini a m 2003.Antimycotic activity of melaleuca alternifolia essential oil and its major components

Onawunmi 1989, in Burt S. 2004

Ondarza m & sanchez 1990. Steam distillation and supercritical fluid extraction of some Mexican species, chromatographia, 30 (212) 16-18.

Oosterhaven et al 1995, in Burt S. 2004

Ouraini D., Agouni A ., Alaoui M.I., Alaoui K. 2005 a. *Approche thérapeutique des dermatophytes par les H.E de plantes aromatiques marocaines.* Phytothérapie/numéro 1 :3-1

Ouraini D., Agouni A ., Alaoui M.I., Alaoui K. 2005b. Etude de l'activité des he de plantes aromatiques à propriétés antifongiques sur les différentes étapes du développement . phytothérapie n°4 : 147-157.

Ouraini D., Agouni A ., Alaoui M.I., Alaoui K. 2007.Activité antifongique de l'acide oléique et des he de thymus saturejoides L et de mentha pulegium L, comparée aux antifongiques dans les dermatoses mycosiques. Phytothérpie n° 1 : 6-14.

Ozkan g, sagdic o, ozcan m 2003 Inhibition of pathogenic bacteria by essential oils at different concentration. Food science & technology international 9, 85-88.

P

Padrini f, lucheroni m t 1996. Le grand livre des huiles essentielles. Ed de Vecchi.

Paranagama P A, abeysekera K H T, abeywickrama k, nugaliyadde 2003. Fungicidal and anti-aflatoxigenic effects of the essential oils of cymbopognon citrates (Dc) staph (lemongrass) against Aspergillus flavus link isolated from stored rice. Letters in Applied Microbiology 37: 86-90.

Pare J.R., Belanger J.M.R., Gigouin M. 1989. Actes 8èmesJournées Internationales Huiles Essentielles de Digne Les Bain, 99-109.

Parré j r j et bélanger j m r 1993. Internat microwave power institute.

Parré j r j, sigoun m & lapointe j 1991. Micowave assisted naturel products extraction. Us patent

Patrick G L. 2003. Chimie Pharmaceutique, traduction de la deuxième édition anglaise, édition De Boeck, Belgique.

Pauli a 2005. Anticandidal low molecular compounds from higher plants with special reference to compunds from essential oils. Medicinal research reviewers, vol 26, N°2, 223-268.

Pellerin p 1991. Supercritical fluid extraction of natural raw materials for the flavor and perfume industry, perfumer & flavourist, 16 (4).

Pelvin (1991) In Bendahou 2007

Perry J J , Staley J T, Lory S 2004. Microbiologie, cours et questions de révision. Édition Dunod, Paris, France.

Perry N. S, Bollen c, Perry E.K, Ballard c 2003. Salvia for dementia therapy : review of pharmacological activity and pilot tolerability clinical trial. Pharmacol. Biochem. Behav. 75, 651-659.

Peyron l 1992. Dans Richard h et multon j l, épices et aromates, chap 4. Tec & doc. Lavoisier, paris.

Pibiri M.C. (2005). Assainissement microbiologique de l'air et des systèmes de ventillation au moyen d'huile essentielle .Thèse d'obtention de doctorat, n° 3311. Univ Lausanne, Ecole Polytachnique Fédérale Lausanne.

Pichersky e, noel j p, dudareva n 2006. Biosynthesis of plant volatiles : nature's diversity and ingenuity. Science 311, 808-811.

Prescott L. M., Harley J. P., Klein D. A., Bacq-Calberg C., Dusart J. (2003).Traduit par Claire-Michèle Bacq-Calberg, Jean Dusart. Microbiologie, 2ième Edition ; De Boeck Université, 1164 pages

Preuss hg, echard b, enig m, brook l, Elliot tb 2005.Minimum inhibitory concentrations of herbal essential oils against gram negative bacteria.Molecular & cellular biochemistry

Q

Quezel et al 1962 1963 in Ayache 2007

QUEZEL P. 1981. Floristic composition and phytosociological structure of sclerophyllus amtorral around the Mediterranin.

126

R

Ravid U. 2006. The labiatae : advances in production, biotechnology and utilization in Husnu can baser.

Recio M.C., Rios J.L., Villar A. (1989). A review of some antimicrobial compounds isolated from medicinal plants reported in the literature 1978-1988. Phytotherapy research .vol.3 No.4.117

Remmal A, T-Elaraki A, Bouchikhi T, Rhayour K, Ettayibi M. 1993. Improved method for the determination of antimicrobial activity of essential oils in agar medium. J. Essen Oil Res 5, 179-184.

Reverchon e 1997. Journal of supercritical fluids, v (10): 1-38.

Reverchon e, 1995. della porta g & senator f. J agic food chem., v (43): 1654-1658

Revuz J 2008. Traité EMc : cosmetology et dermatologie esthétique, éditeur: Elsevier Masson.

Richard et Peyron, 1992 in Lagunez Rivera 2006.

RIKILI M. 1943 in Ayache 2007

Roquebert M F 2002. Les contaminants biologiques des biens naturels, edition Elsevier Masson.

S

Sacchetti gianni, Maietti.S. Muzzoli.M. Scaglianti.M. Manfredini, Radice.M, Bruni.R.(2005). Comparative evaluation of 11 essentials oils of different origin as functional antioxidants, antiradicals and antimicrobials in foods. Food & Chemistry 91, 621-632.

Satrani B, Farah m, fechtal m, talbi m, balghen m, chaouch a 2001. Composition chimique et activité antimicrobienne des huiles essentielles de Satureja calamintha et saturija alpinia du maroc. Ann. Fals. Exp. Chim. 956, 241-250.

Satrani B, Farah m, talbi m. 2004. Composition chimique et activité antibactérienne et antifongique de l'huile essentielle extraite du bois de Tetraclinis articulata de Maroc. Ann. Fals. Chim. 964, 75-84

Schaechter m, Medef g, Eisenstein b I, 2001.microbiologie et pathologie infectieuse. Edition de Boeck, Belgique.

Senhaji O., Faid M., Kalalou H.(2006). Etude du pouvoir antifongique de l'huile essentielle de cannelle. Phytothérapie. N 3 :24-30

Sikkema et al 1994, in Burt S. 2004

Sikkema j, de bont j a m, poolman b 1995. Mechanisms of membrane toxicity of hydrocarbons. Microbiological reviewvers 59(2), 201-222.

Sikkema J, Debont J A M, Poolman B 1994. Interactions of hydcrocarbons with biological membranes. J Biol chem. 269, 8022-8028.

Silva J, Abede W, Sousa S M, Duarte V G, Mathado M I L, Matos F J A 2003. Analgesic and antiinlflamatory effects of essential oils of eucalyptus. J Ethnopharmacol 89, 277-283.

Skandamis p, tsigarita e, nychas gje. Ecophysiological attributes of salmonella typhimurium in liquid culture and within a gelatin gel with or without the addition of oregano essential oil. World journal of microbiology & biotechnology 16 : 31-35.

Smith palmer & al 1998, in Burt S. 2004

Srivastava B, Singh P, Shukla R, Dubey N K 2008. A novel combination of the essential oils of cinnamomum camphora and Alpinia galangal in checking aflatoxin B1 production by a toxigenic strain of Aspergillus flavus. World journal microbial biotechnol 24 : 693-697.

Stashenko E.E, Jaramillo B.E, Martinez J.R. 2004. Analysis of volatile secondary metabolites from Colombian Xylopia aromatica (Lamarck) bydifferent extraction and headspace methods and gas chromatography, in lagunez rivera 2006

SVOLBODA Greenaway R.I. 2003. Investigation of volatile oil glands of Satureja Hortensis L. (Summer savory) and phytochemical comparison of different varieties. The International Journal of Aromatherapy.13(4):196-202.

T

Tabanca N, Kirimer N, Demirci F, Baser K H 2001. Composition and antimicrobial activity of the essential oils of Micromeria cristana subsp. Phrygia and the enantiomeric distribution on borneol. J Agric Food chem. 49, 4300-4303.

Tabet-Aoul A. 2004. Contribution à l'étude de l'H.E de Foeniculum vulgare Miller . Identification et degradation. Thèse de Magister. Université de Tlemcen, Faculté des sciences. Spécialité chimie

Tampeiri m p, galuppi r, macchioni f, carelle m s, falcioni l, gioni p l, morelli I 2005. The inhibition of candida albicans by selected essential oils and their major constituents. Mycopathologia 159 : 339-345.

Tantaoui-Dlaraki A. , Baroud L .(1992). Inhibition of growth and aflatoxin production in Aspergillus parasiticus NRRL.2999 by essential oils of selected plant materiels. Thai j.toxicology 8,51-59

Tatsadijeu N L, Jazet Dongmo P M, Nagassoum M B, Etoa F X, Mbofung c M F, 2009. Investigations on the essential oil of Lippia rugosa from Cameroon for its potential use as antifungal agent against Aspergillus flavus link. Food control 20, 161-166.

Teisser PJ. 1994. Chemistry of fragrant substances. VcH, New york. In Husnu can Baser.

Tékaya-karaoui A, Ben Jannet H, Mighri Z. 2007. Essential oil composition of terminal branches, cones and roots of Tetraclinis articulate from Tunisia. Pakistan journal of biological sciences 10 (15), 2495-2499.

Thoroski et al 1989, in Burt S. 2004

Thoroski j, blank g, biliarderis c 1989. **Eugenol induced inhibition of extracellular enzyme production by bacillus cereus. Journal of food protection 52 (6), 399-403.**

Tomi F, Bighelli A, Bradesi P, casonova J 1997. **Analyse des H.E par RMN C13, in Lahlou 2007.**

Tonneau M 2007. **Infections nosocomiales des H.E en prevention. Santé magazine (375) : 92-3.**

Torsell K 1997. **Natural products chemistry. A mechanistic, biosynthetic and ecological approach. Swedich pharmaceutical press, Stockholm.**

Touayli J 2002. **Valorisation des sous produits du thuya de Berbérie au Maroc**

Tournaire G. 1980. **Parfums Cosmét. Arômes. 35: 43**

Turina A V, Noland M V, Zygolla J A, Perillo M A. 2006. **Natural terpenes : self assembly and membrane partitioning. Biophys chem. 122, 101-103.**

U

Ultee and Smid 2001, **in Burt S. 2004**

Ultee et al 1999, **in Burt S. 2004**

Ultee et al 2000, **in Burt S. 2004**

Ultee et al 2002, **in Burt S. 2004**

V

Van de braak & leijten 1999

Viaud h 1993. **Distillateur thérapeutique naturel-GNOMA.**

Vinatoru M., Toma M., Radu O., Filip P.O., Lazurca D., Mason T.J. 1997. **The use of ultrasound for the extraction of bioactive principles from plant materials. Ultrasonics Sonochemistry. 4:135-139** Voda k, boh b, vtacmik m 2004. **A quantitative structure-antifungal activity relationship study of oxygenated aromatic essential oil compounds using data structuring and PLS regression analysis. J Mol Model 10 : 76-84.**

W

Wan et al 1998, **in Burt S. 2004**

Wang Z., Ding L., Li T., Zhou X., Wang L., Zhang H., Liu L., Li Y., Liu Z., Wang H., Zeng H., He H. 2006. **Improved solvent-free microwave extraction of essential oil from dried** *Cuminum cyminum L.* **and** *Zanthoxylum bungeannum* **Maxim. Journal of Chromatography A, 1102: 11–17.** Werkhoff P. Brenncke S, Bretschneirder W, Guntert M, Hopp R, Surberg H. 1993 **in Husnu can Baser**

WICKENS G.E. 2004. **Economic botany, éditeur kluwer academic publishers- springer.**

Williams j h, Philips t d, jolly p e, stiles j k, jolly c m, aggarwal d 2004. **Human aflatoxisis in developing counties in Kumar & al 2006.**

Woidich H 1992. **Congress of flavours, fragrances and essential oils in Husnu can Baser**

Y

Yadegarnia d, gachkar l, rezaei m b, taghizadeck m, astaneh s a, rasooli l 2006.**Biochemical activities of Iranian menthe piperita l and myrtus communis l essential oils.Phytochemistry 67, 1249-1255.**

Yang d, Michel l, Chaumont j p, millet-clerc j 1999. **Use of caryophyllene oxide as an antifungal agent in vitro experimental model of onychomycosis. Mycopathologia 148: 79-82, 2000 kluwer. Academic bublishers. Printed in the Netherlands**

Yoo s k, fay d f 2002.**Bacterial metabolism of α- and β-pinene and related monoterpènes by pseudomonas sp. Strain PIN.Process biochemistry 37, 739-745.**

Z

Zaika, L. L. (1988). **"Spices and Herbs - Their Antimicrobial Activity and ItsDetermination" Journal of Food Safety 9- 2: (97-118).**
ZERAIA L. 1981. **Essai d'interprétation comparative des données écologiques, phénologiques et de production subero-ligneuse dans les forets de chêne liège de Provence (France méditerranéenne et d'Algérie). Thèse Doctorat. Univ. Aix-Marseille III, in Ayavhe 2007**

Zlotorzunski, 1995 **in Lagunez Rivera 2006.**

ZOEBELIN Hans & BOLBERT Volker. **Dictionary of renewable resources, éditerur Wiley-VCH. 2001**

ANNEXE:

Composition des milieux de culture. g/l.

Mac Conkey Agar. (fluka ,biochemika)

Peptone	20
Lactone	10
Bile salts	5
Sodium chloride	5
Neutral red	0.075
Agar	12
pH finale 7.4(37)	

Cp:52g/l.

Gélose Chapman. (Institut Pasteur Alger).

Tryptone	5
Extrait de levure	3
Extrait de viande	3
Chlorue de sodium	7
Peptone bacteriologique	10
Mannitol	10
Rouge de phénol	0.05
Agar	18
pH finale 7.4	
Cp 119.05 g/l	

Milieu Muller Hinton

Extrait de viande	03
Hydrolysat acide de caseine	17.5
Amidon	1.5
Agar	16
pH finale 7.3	
Cp 38 g/l	

Gélose PDA(Potato Dextrose Agar)

Pomme de terre	200
Saccharose	10
Agar	20
Eau distillée	1000

Milieu Sabouraud

Peptone	100
Glucose	20
Agar	15
Chloramphinicol	0.5

BHIB (Bouillon Cœur Cerveau)

Protease –peptone	10
Infusion de cervelle de veau	2.5
Infusion du cœur de bœuf	0.5
Glucose	02
Chlorure de sodium	05
Hydrogénophosphate de sodium	2.5
PH:7.4	

Gelose nutritive

Peptone	15
Extrait de viande	10
Extrait de levure	02
Chlorure de sodium	05
Agar	20

Techniques microbiologiques :

Examen à l'état frais

L'examen à l'état frais consiste à examiner les bactéries à l'état vivant en l'absence de toute fixation ou coloration.

Le matériel à examiner sera prélevé à partir d'un milieu de culture liquide ou solide.

Sur la partie centrale du microscope, une gouttelette de la suspension est déposée au moyen d'une pipette pasteur ou d'une anse de platine.

Mettre la paraffine tout autour de la lamelle(le lutage)

La lamelle est déposée délicatement sur la goutte, celle-ci doit être orientée pour éviter la formation des bulles d'air.

L'observation est faite au grossissement 40 et en faible luminosité.

Coloration de Gram

Les germes sont colorés en bleu violet avec le cristal violet phénique. Après l'action d'un mordant (solution de lugol), une décoloration à l'alcool est tentée. La safranine ou la fuchsine basique agissent ensuite comme colorants de contraste.

La méthode de coloration de Gram permet de classer les microorganismes en bactérie à Gram + et en bactérie à Gram-.

La technique passe par cinq étapes :

-Etalement

-Séchage à l'air.

-Fixation à la chaleur.

-Coloration. Le frottis est couvert avec une solution de violet de gentiane, pendant 1 minute.

Rinçage rapide à l'eau. La solution est recouverte de lugol pendant une minute suivie par lavage à l'eau. La lame est décolorée avec l'alcool et rincée soigneusement à l'eau (30secondes) .Le frottis est recoloré avec la fuchine basique pendant 30 secondes.

-Observation au microscope.

Les bactéries colorées en rose sont à Gram -, tandis que celles qui développent une couleur violette sont à Gram +.

133

www.ingramcontent.com/pod-product-compliance
Lightning Source LLC
Chambersburg PA
CBHW021105210326
41598CB00016B/1338